SYSTÈME PLANÉTAIRE

ou

GRAVITATION DES CORPS

PAR

Didier THIERRIAT.

ORNÉ DE DIX-SEPT PLANCHES.

SE VEND,

CHEZ L'AUTEUR, RUE SAINT-LAURENT, No 25,

BARRIÈRE DE LA CHOPINETTE, A BELLEVILLE, PRÈS PARIS.

FRONTISPICE

Du Rideau mystérieux mes soins dégagent les Cieux.

SYSTÈME PLANÉTAIRE

OU

GRAVITATION DES CORPS,

SUR DE NOUVEAUX PRINCIPES PRIS DANS LA
NATURE ELLE-MÊME ;

PAR

DIDIER THIERRIAT.

ORNÉ DE DIX-SEPT PLANCHES.

BELLEVILLE,

CHEZ L'AUTEUR, RUE SAINT-LAURENT, N° 25,
BARRIÈRE DE LA CHOPINETTE, PRÈS PARIS.

1847.

PRÉFACE.

Ce n'est pas pour faire de l'opposition avec nos célèbres astronomes que j'établis de nouveaux principes, c'est par une manière de voir qui est opposée à la leur, dont je prétends démontrer l'évidence. L'on pourra m'accuser de présomption à cet égard ; moi-même je ne savais que penser à ce sujet : quand chaque jour je vérifiais mes nouvelles découvertes, je trouvais toujours mêmes solutions, qui toutes venaient à l'appui l'une de l'autre , et la simplicité de mes opérations donne à tous ceux qui ont du jugement la faculté d'en apercevoir tous les rapports et la réalité de mes expériences. S'il en est quelques-unes qui donnent sujet au doute , je prie ceux qui voudront bien m'honorer de leurs observations de me les adresser, car on ne saurait jamais trop épurer la vérité d'avec le faux : personne à ce sujet ne doit être épargnée. Combattez mes opérations si vous les trouvez fausses. Tout ce que je demande, c'est que l'on soit sincère, et que l'on ne fasse pas de l'opposition contre le bon sens ; et si je me trouve en opposition avec tous nos astronomes, ce n'est pas pour le désir d'en faire, mais bien parce que j'ai la conviction de ce que j'avance, et cette conviction ne pourra s'effacer que par des raisonnements supérieurs aux miens.

Ne vous étonnez pas de voir une construction simple et fautive sur tous les points : pour un sujet aussi grand que celui que je traite, une plume savante y eût mieux répondu ; mais je ne pouvais employer que mon faible savoir, qui pourtant a osé s'élancer dans les plaines de l'immensité pour y mesurer les distances, et déterminer les systèmes planétaires, dont je n'essaie pas de faire l'éloge. Je laisse aux savants d'en juger, ainsi qu'au public, qui peut, vu la simplicité des démonstrations, en juger aussi. C'est par devoir que j'écris : chacun doit enrichir la science des découvertes qu'il peut faire, et, sous ce rapport, on ne me saura pas mauvais gré d'avoir transmis à la postérité des principes d'une aussi grande importance. Si les apparences me trompent, n'en accusez pas ma présomption ; faites-moi le voir, et je dirai moi-même : je me suis trompé. Mais mes intentions sont pures et ne veulent tromper personne ; et pourtant, malgré mon faible savoir en littérature, je crois m'expliquer assez pour me faire comprendre ; c'est pourquoi que je mets la main à la plume pour vous transmettre mes découvertes, trop heureux si je peux réussir !

Je préviens que, ne voulant pas être trop confus en démonstrations pour ne pas charger la mémoire, j'effleure seulement chaque démonstration ; que si elles ne sont pas conçues du premier abord, les démonstrations suivantes vous les feront concevoir, étant liées toutes ensemble par un jugement naturel qui vient à l'appui l'une de l'autre ; et ce jugement est amené par les effets physiques qui se lient tous les uns aux autres par une subtibilité admirable, dont la nature seule est capable.

Je prie le lecteur de ne pas trouver mauvais si je répète souvent les noms d'air et de soleil : c'est qu'ils sont tous les deux les principaux agents de la nature, et j'aime mieux les rappeler par leurs noms que par des pronoms pour éviter toute méprise, vu que j'écris pour tout le monde.

TABLE DES CARTES

CONTENUES DANS CE VOLUME.

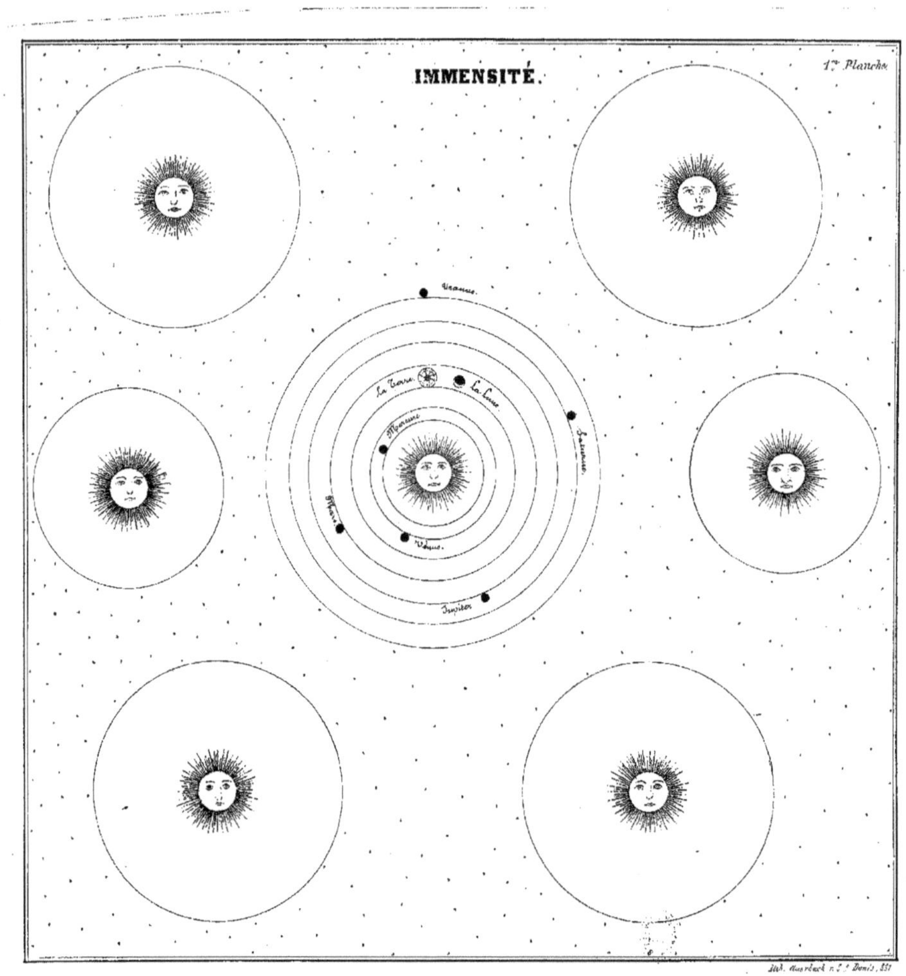
Uranus.
La Terre.
La Lune.
Saturne.
Mercure.
Mars.
Vénus.
Jupiter.

CHAPITRE 1er.

IMMENSITÉ.

L'immensité est sans bornes : on ne peut pas lui assigner aucune figure, on n'en a nulle idée : toute l'idée que l'on peut en prendre, c'est d'imaginer une étendue qui nous entoure et qui n'a pas de fin ; car s'il y en avait une, cette étendue serait contenue dans une autre encore plus grande, celle-ci dans une autre encore plus grande ; on n'en finirait pas, et on est obligé de l'admettre sans fin. Et cette immensité est parsemée de corps qui l'occupent, et qui en font l'ornement. Les premiers que la nature forme sont les étoiles, lesquelles deviennent planètes et comètes, parmi lesquelles il se trouve un nombre suffisant de soleils qui gouvernent tous ces corps et qui mettent toute la nature en mouvement.

L'espace contenu par ces circonférences est autant d'univers que chaque soleil gouverne, et qui se soutiennent les uns aux autres par les feux que chacun lance autour d'eux, et qui forment à chacun une atmosphère solaire, qui se touchent les unes les autres, et qui les obligent à rester chacun à leur place, étant étayés sur tous les sens; et chaque soleil, par cette raison, est forcé de rester au centre, par rapport au courant que forment leurs rayons, qui refoulent l'air en tous sens, et donnent à chaque soleil un appui tout autour d'eux qui les soutient au centre, et qu'ils ne peuvent plus quitter, à l'exception de celui dont les feux manqueraient: celui-ci perdrait son équilibre et roulerait dans l'immensité en qualité de comète, dont la queue serait bien plus éclairée qu'une comète ordinaire, puisqu'elle serait composée d'une partie de ses feux, qui se rangeraient derrière elle par rapport à sa chute.

L'on conçoit que si un soleil cesse ses feux, son atmosphère, en même temps, cessera le courant de feu que ce soleil lance journellement par ses rayons, ce que je nomme atmosphère solaire; qu'il perdra son point d'appui et deviendra comète; et les soleils voisins s'empareront de sa place si leurs forces le leur permettent; et, dans le cas contraire, cette place resterait vacante jusqu'à ce qu'un autre soleil vienne l'occuper.

Tous les points qui entourent toutes ces circonférences représentent les étoiles, lesquelles ne rentrent dans ces circonférences, c'est-à-dire dans ces univers, que quand elles ont acquis une certaine pesanteur ; et quand elles sont rentrées dedans, elles prennent un mouvement circulaire autour du soleil et deviennent planètes, et ce mouvement est donné à chaque planète par le courant que forment les rayons du soleil. Les premiers mouvements des planètes ont dû se contrarier au commencement, et les plus fortes planètes ont sans doute entraîné les autres : c'est pourquoi les planètes tournent toutes du même côté ; et s'il y en a qui tournent à l'opposé, c'est qu'elles n'ont pas encore atteint le courant des autres, qui peut seul leur donner le même mouvement. Comme je viens de le dire dans le commencement du système, mais pourtant la nature n'a pas de commencement, en la considérant dans son entier, mais en partie elle commence et finit.

Cette immensité, comme vous voyez, parsemée de soleils qui se sont étayés par leurs feux qui les entourent et qui les obligent à rester immobiles au centre qu'ils se sont fait, et dont chaque corps tend à descendre vers eux, comme étant le point central où l'air est le plus léger ; et par cette raison aucun corps ne peut franchir les lois de l'équilibre qui les obligent à occuper une place qui leur convient d'après leur poids et leur volume, puisque chaque corps déplace un volume d'air dont le poids est égal au sien. Et les soleils, qui sont autant de points centraux vers lesquels tous les corps tendent à s'approcher, sont eux-mêmes soutenus par l'air qui les entoure, car l'air qui entoure tous les univers est presque pur. Il est beaucoup plus lourd que celui qui est chargé de chaleur, tel que celui qui est dans l'univers, lequel est mêlé avec les feux du soleil, qui l'échauffe et qui lui donne de la légèreté.

Ici c'est le plus lourd qui enveloppe le plus léger et qui le force à rester immobile, et au contraire, dans les univers, c'est le plus lourd qui est au centre, puisque les soleils se sont fait un centre eux-mêmes par les feux qu'ils exhalent autour d'eux, qui annulent leur poids par autant de légèreté que les soleils ont de pesanteur. C'est-à-dire que si le soleil pèse un million et qu'il ait un million en légèreté qui l'entoure, cette légèreté doit annuler son poids, qui est d'un million, et le poids du soleil, comme la légèreté est comparée avec l'air, puisque l'air remplit toute l'immensité. Donc si le soleil était du même poids que l'air, il resterait immobile dans quelque lieu qu'on le suppose, sans qu'il lui soit nécessaire de se former une atmosphère comme le fait ; mais comme il est plus lourd que l'air, il il tombe naturellement par son poids. Mais l'atmosphère qu'il s'est faite annule son poids à l'égard de l'air et reste immobile au centre de l'univers.

Supposez pour un moment que l'immensité soit sans planètes ; comme l'air est élastique, il occupera tout l'espace sans laisser aucun vide que celui qui se trouve dans l'air. Le premier soleil qui s'y formera repoussera l'air qui l'entoure sur tous les points, et l'air ainsi repoussé deviendra plus lourd, comme étant plus resserré, pèsera à proportion de la pression que lui fait les rayons du soleil, qui pressent l'air de plus en plus, jusqu'à ce que ces deux forces se fassent équilibre l'une à l'autre. Ainsi, comme vous voyez, l'air pèse sur le soleil à proportion de la force que ses rayons mettent à repousser l'air qui l'entoure ; donc l'air a deux raisons qui le font approcher du soleil : son élasticité, comme étant pressée, demande à s'étendre ; en second lieu, l'air qui est près du soleil étant plus léger, offre moins de résistance, mais les rayons sont plus forts. C'est pourquoi il s'établit une sorte d'équilibre entre l'air et les rayons du soleil : plus il y a de feu, moins il y a d'air ; il se trouve repoussé par les rayons du soleil à proportion du feu qui le compose : c'est pourquoi, plus l'on approche du soleil, moins il y a d'air. L'air est donc repoussé par les rayons, et les rayons à leur tour sont pressés par l'air, ce qui établit un équilibre entre le soleil et l'air qui l'entoure, puisque le soleil est pressé de toutes parts ; il est forcé de rester immobile, et le courant de ses rayons font équilibre avec toutes les planètes qui viennent s'asseoir dedans. Voilà comment dans la nature toutes les planètes trouvent leur équilibre.

UNIVERS.

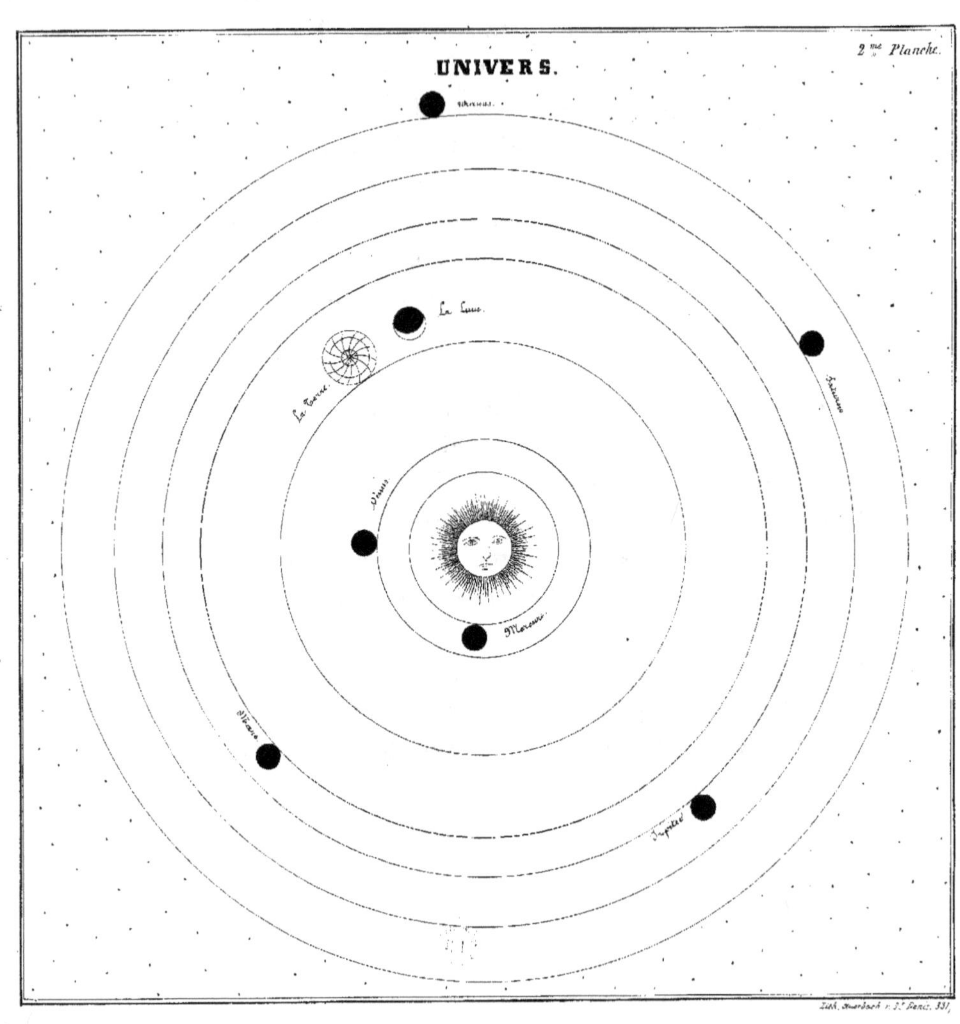

repos dans un courant, et les premières ont dû, par leur cours, déterminer toutes les autres à tourner du même côté. Et si les étoiles ne tournent pas, c'est qu'elles sont hors du courant, mais dans un point d'équilibre proportionné à leur poids et à leur volume. Mais si, par cas, une comète rentre dans cet univers, elle peut de deux choses l'une, ou passer outre, c'est-à-dire traverser cet univers, ou devenir planète, ou aller se jeter dans le soleil, pour ne plus en sortir, car les comètes sont des corps qui, étant trop lourds, ne peuvent pas trouver d'équilibre; elles n'ont pas d'autre sort que de rouler dans l'immensité, jusqu'à ce que leur chute les entraîne vers le soleil, ce qui met fin à leur course, car le soleil, comme point central, attire tous les corps à lui par les raisons que nous avons détaillées plus haut, qui sont : que l'air étant plus chargé de chaleur près du soleil que partout ailleurs, il y est plus léger, et les corps y rentrent avec plus de facilité. Voilà ce qui attire les corps vers le soleil, et qui le rend point central de l'univers, puisque tous les corps tendent à s'en approcher.

Toutes les planètes que vous voyez sur la planche n° 2 tournent toutes du même côté. Sans doute qu'elles ont dû se contrarier dans les temps primitifs; les unes ont dû tourner du même côté, et les autres de l'autre, car alors il n'y avait rien qui pût déterminer plutôt d'un côté que de l'autre ; mais par la suite le courant s'est prononcé en faveur des plus fortes, par la raison que celles-ci ont dû entraîner les plus faibles du même côté quand elles se sont rencontrées de près ; et lorsqu'il y en eut une quantité , aucune planète ne put les franchir toutes sans en rencontrer qui la forçât à tourner avec elles ; et comme le soleil est le point central où toutes les planètes vont se jeter pour y trouver leur fin, celles qui avaient un courant con traire aux autres ont eu le temps d'en faire autant; et les planètes qui rentrent maintenant dans l'atmosphère solaire n'y rentrent que doucement, puisqu'elles n'y rentrent qu'en prenant du poids , leur cours est déterminé par l'une ou par l'autre de ces planètes. Mais il n'en est pas de même des comètes : comme celles-ci sont en chute, leur marche est bien plus rapide que celle des planètes, qui descendent vers le soleil à mesure qu'elles prennent du poids; au contraire , les comètes tombent par la force du poids, qui se trouve disproportionné à leur volume ; elles tombent avec une telle rapidité, que leurs atmosphères tombent en queue derrière elles , et si elles passent près du soleil, il les attire à lui, comme étant le point central de l'univers. C'est là que toutes planètes et comètes vont payer en gros ce qu'elles ont emprunté au soleil en détail; c'est ainsi que périssent les planètes et les comètes. Si tous ces corps passent loin du soleil, l'attraction du soleil n'a pas assez de force pour les attirer à lui ; mais elles font à l'égard du soleil comme les papillons font à l'égard de la chandelle, elles finissent tôt ou tard par se précipiter sur lui.

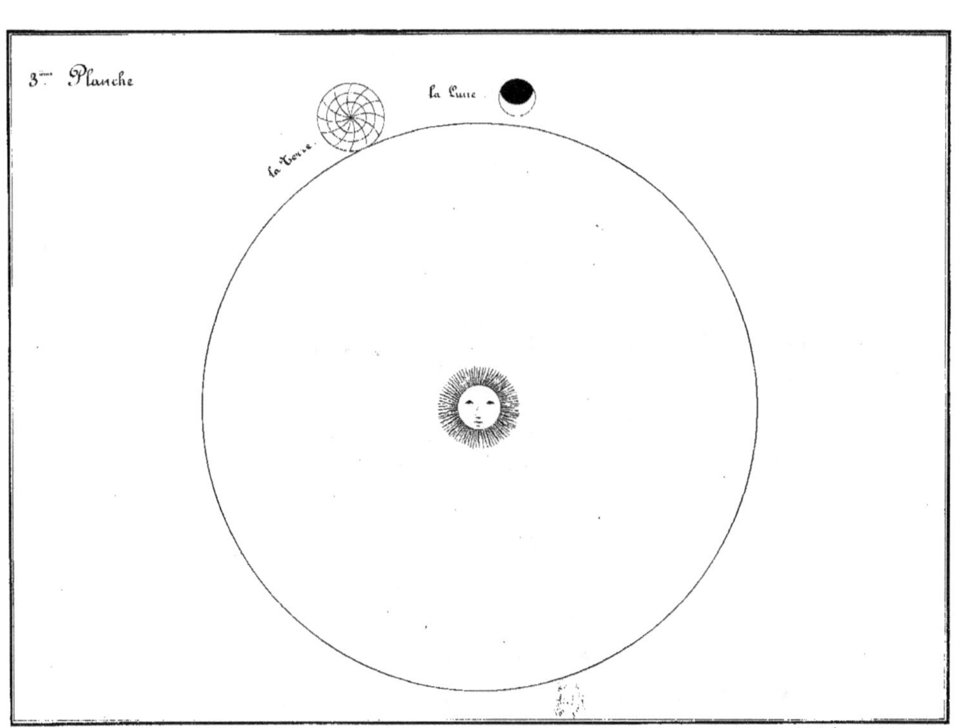

3.me Planche
la Terre
la Lune

CHAPITRE 3.

LE SOLEIL ANIME LA NATURE.

Le soleil lance continuellement des feux dans tout l'univers, qui échauffent tous les corps, sans lesquels tous les fluides ne seraient que glaces et dans l'inaction. Non content de les échauffer, il leur fournit encore la matière pour le développement du travail, puisqu'il est possesseur des quatre éléments, comme nous le ferons voir par la suite.

Le soleil serait bientôt anéanti par les prodigalités qu'il fait de ses feux dans tout l'univers s'il n'avait pas quelques planètes ou comètes qui lui rendent en totalité ce qu'elles ont reçues de lui en détail, ce qui prolonge son existence; car puisqu'il a commencé, il doit finir un jour à venir. Mais son existence ne peut pas être appréciée, et pourtant l'on sait qu'il périra comme faisant partie de la nature: la nature en général est impérissable, mais chacune de ses parties se renouvelle. C'est pourquoi les planètes et les comètes vont se jeter sur lui pour lui rendre ce qu'elles lui ont emprunté : chaque corps a mis des laps de temps pour se former, et le soleil en mettra encore davantage pour se détruire lui-même par ses prodigalités, puisqu'il reçoit en gros ce qu'il donne en détail.

Non content que le soleil échauffe tout l'univers et qu'il fournisse à l'accroissement de la matière, il fait graviter autour de lui tous les corps qui l'approchent à une certaine distance. C'est ce qui forme le système planétaire. Il oblige tous les corps à descendre vers lui, en leur donnant du poids, car il est le point central de l'univers ; par cette raison, le point de légèreté, comme étant plus chargé de chaleur, et le courant que forment ses rayons oblige les corps à tourner autour de lui.

Ce qui démontre que ce sont les rayons du soleil qui font tourner la terre autour de lui, c'est qu'un petit serpent fait avec une carte, mis sur une broche en fer au tuyau d'un poêle, tourne tant que l'on y fait du feu ; et la terre, en équilibre sur les feux du soleil, doit encore mieux tourner que le petit serpent de carte qui est appuyé sur une broche, et qui pourtant tourne par le feu ; et la terre, qui n'a aucun point d'appui que son équilibre sur les feux du soleil, doit à plus forte raison tourner, et elle ne peut pas tourner sur elle-même comme le petit serpent, qui est tenu par la broche : il faut nécessairement qu'elle tourne en avançant autour du soleil, en gardant toujours la même distance, à quelque chose près, qui doit varier à proportion des feux, qui ne doivent pas être partout de même force. Ils doivent être en raison des matières combustibles qui les composent, ce qui donne plus ou moins de force au courant des rayons qui doit changer la distance de la terre à son égard. C'est pourquoi la marche de la terre n'est pas régulière.

Je prends cette comparaison pour mieux faire concevoir ce qui fait tourner la terre autour du soleil et les inégalités de sa marche : car plus l'on fait du feu dans le poêle, plus le petit serpent tourne vite. La terre ne tourne pas plus vite, mais elle s'éloigne ou s'approche du soleil pour trouver son équilibre, ce qui la met dans un courant toujours d'égale force.

L'on me demandera sans doute : comment se peut-il faire que les rayons du soleil fassent tourner une masse aussi énorme que la terre ?

Je répondrai que la terre étant en équilibre avec les feux du soleil, il ne faut pas beaucoup de force pour la faire tourner. Ne voyons-nous pas un homme ou deux faire marcher un bateau chargé ! Donnez-leur la cent millième partie à porter, elle les écrasera, car je comprends aussi le poids du bateau ; et la terre qui est dans un fluide plus délié offre encore moins de résistance : donc les rayons du soleil peuvent la faire tourner.

CHAPITRE 4.

LE SOLEIL MESURE LA GROSSEUR DE LA TERRE.

Nous supposerons dans cette opération que c'est le soleil qui tourne autour de la terre, cela ne souffre aucune difficulté, vu que d'une manière comme de l'autre le soleil et la terre sont toujours à égale distance l'un de l'autre.

Tout le monde sait que le soleil fait le tour de la terre en vingt-quatre heures, qu'il divise l'équateur en vingt-quatre parties égales, et qu'il les parcourt avec la même vitesse. Par cette raison, si nous comptons le nombre de lieues qui se trouvent d'une heure à l'autre, multipliant ensuite par 24, nous aurons la valeur de toute la circonférence de la terre, qui est sa grosseur. Si nous ne connaissons pas la distance qu'il y a d'une heure à l'autre, et que nous la connaissions d'une demi-heure à l'autre, nous la multiplierons par 48, ce qui donnera de même la valeur ; ou connaissant la distance d'un quart d'heure à l'autre, on la multi-

4.ᵐᵉ Planche.

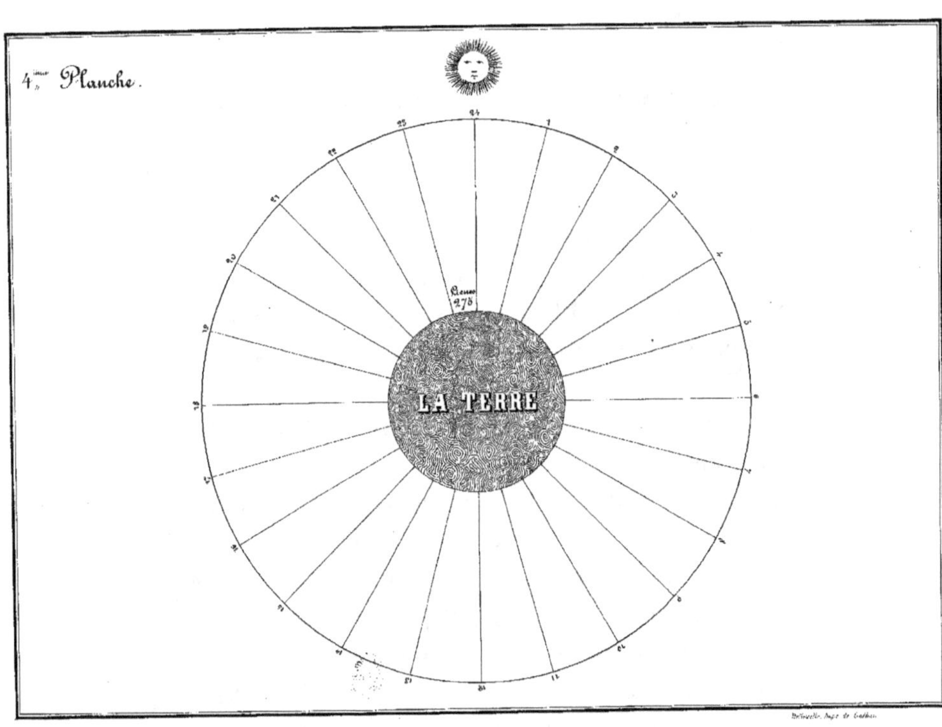
LA TERRE

pliera par 96, et tous les calculs que l'on peut faire doivent donner le même résultat.

Ce calcul peut être fait par tous les voyageurs qui ont de bonnes montres, lorsqu'ils voyagent dans le levant du soleil ou le couchant. Ils peuvent voir la distance qu'il y a du midi de leur point de départ au midi du lieu de leur arrivée, et dire tant de minutes est au nombre de lieues que l'on a trouvées, comme le nombre de minutes qu'il y a dans vingt-quatre heures est à un quatrième terme, c'est-à-dire que si dans une heure le soleil parcourt une distance de 375 lieues, il parcourt dans vingt-quatre heures 9,000 lieues. Donc l'on peut dire 60 minutes est à 375 lieues, comme le nombre de minutes qu'il y a dans vingt-quatre heures est à 9,000 lieues.

Ces calculs sont si faciles, que tous ceux qui ont un peu d'idée peuvent devenir à moitié astronomes ; et c'est sans doute par la grande simplicité de ce procédé que l'on ne s'est pas douté que l'on pouvait résoudre de si grands problèmes.

Voilà donc la grosseur de la terre trouvée par un moyen bien simple, et l'on doit trouver dans toutes les recherches que l'on peut faire 6 lieues et 1/4 par minute, ce qui donne 9,000 lieues pour la circonférence de la terre.

La terre ne s'éloigne pas du soleil comme on le croit ; le centre de la terre est toujours à la même distance du soleil, à peu de chose près, et par une autre raison, qui est que la différence ne peut provenir que de la force des rayons, qui dépend de la matière combustible qui se trouve plus dans une partie du soleil que dans l'autre , et non pas par l'écliptique ovale, comme des auteurs nous le disent. Ce qui le prouve, c'est que nous avons l'été quand d'autres qui sont sur le même globe que nous ont l'hive r, et quand nous avons l'hiver ils ont l'été. Donc la terre n'est pas plus éloignée du soleil dans un temps que dans l'autre, à cette petite différence près que je viens de citer. C'est seulement l'inclinaison de la terre qui en fait toute la différence, en nous mettant plus près ou en nous éloignant des rayons du soleil, sans pour cela éloigner la terre ; et si la terre s'en éloignait, elle s'en éloignerait pour tous les habitants, et nous sentirions tous le froid et la chaleur venir dans le même temps, à proportion des positions que nous occupons.

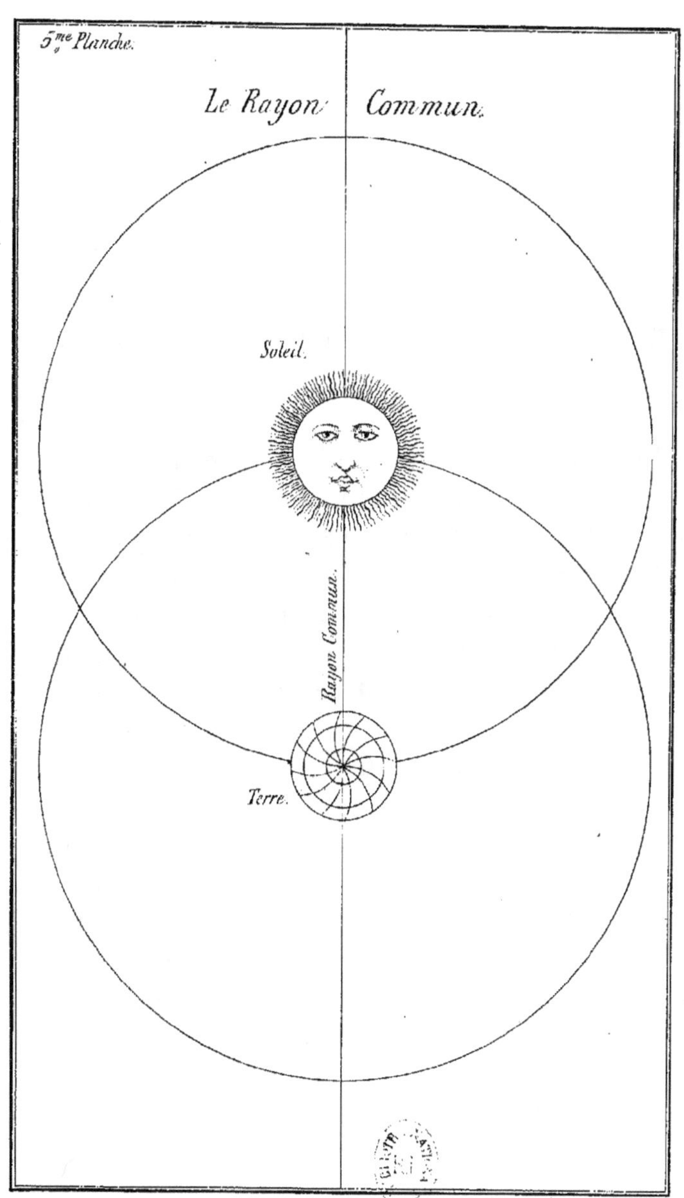

5.me Planche.
Le Rayon Commun.
Soleil.
Rayon Commun.
Terre.

CHAPITRE 5.

—◆—

LE RAYON COMMUN DU SOLEIL ET DE LA TERRE.

Cette figure démontre que l'on peut supposer que ce soit le soleil qui tourne autour de la terre, ou que l'on admette que ce soit la terre qui tourne autour du soleil, les calculs seront toujours les mêmes à l'égard de cette opération, car le rayon sera toujours commun à l'un comme à l'autre. Ce qui nous fait voir que la distance sera la même, et que l'on peut arriver au même résultat, puisque cela ne change rien à la distance de l'une à l'autre, qui sert dans les deux cas de rayon aux deux systèmes. Comme on le voit dans la planche n° 5, c'est ce qui a mis nos pères dans l'erreur, car l'apparence est si trompeuse, qu'ils croyaient que c'était le soleil qui tournait autour de la terre, tandis que c'est le contraire. Ce qui le démontre, c'est le tour que la terre fait tous les vingt-quatre heures, car on ne peut pas croire que ce soit le soleil qui fasse le tour de la terre en si peu de temps, et la terre n'a qu'un tour à faire pour trouver le soleil au même point; et en tournant chaque jour, la terre avance d'une distance égale à sa circonférence, ce qui lui fait faire le tour du soleil tous les ans. Selon l'apparence, le soleil fait le tour de la terre tous les jours, ce qui est impossible, car il faudrait que le soleil fasse, d'après mon calcul, 3,285,000 lieues par jour, et en admettant le calcul de nos astronomes, qui nous mettent le soleil à 33,000,000 de lieues de nous, il faudrait que le soleil fasse par jour 198,000,000 de lieues, ce qui est contre le vraisemblable, et d'après mon principe il n'aurait que 3,285,000 lieues à faire par jour, ce qui est encore de trop. Donc la raison veut que ce soit la terre qui tourne sur sa circonférence et qui fait un tour tous les vingt-quatre heures, et qui met un an pour faire le tour du soleil: par cette raison la probabilité s'accorde avec la vérité, car bien des preuves viennent à l'appui de ce principe, que le cours de cet ouvrage démontrera.

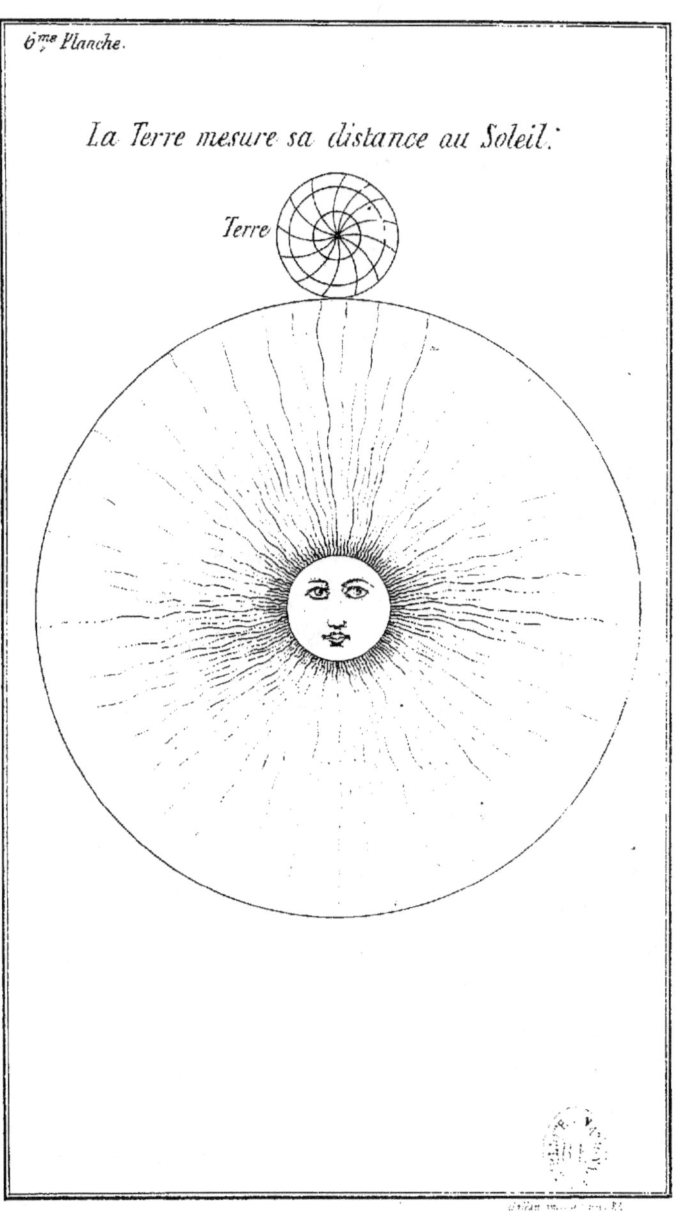
La Terre mesure sa distance au Soleil.
Terre

CHAPITRE 6.

LA TERRE MESURE SA DISTANCE AU SOLEIL.

La terre n'a que deux manières pour faire le tour du soleil : ou elle y est portée comme un ballon ou en tournant sur sa circonférence. Si elle y est portée sur sa circonférence, et que la terre ait 9,000 lieues de tour, elle fait donc 9,000 lieues par jour, et étant 365 jours pour en faire le tour, c'est 365 qu'il faut multiplier par 9,000 lieues pour avoir la circonférence que décrit la terre autour du soleil.

$$365$$
$$9,000$$

3,285,000	orbe de la terre autour du soleil,
1,095,000	diamètre de cet orbe,
547,500	demi-diamètre ou rayon,

qui est la distance de la terre au soleil, dans le rapport simple de 7 à 21.

Tous ces calculs doivent monter un peu haut, parce que je n'ai pas compris l'épaisseur de son atmosphère, ainsi que le rapport de Démétrius de 7 à 22, ce qui pourrait me donner quelques mille lieues de plus ; mais n'étant pas sûr de l'épaisseur qu'on lui donne, qui est de 20 à 22 lieues, j'ai préféré négliger cette fraction que de la mettre sans être sûr, puis les heures de plus que la terre met tous les ans pour revenir au même point du ciel, ce qui nous donne les années bissextiles. Pour le moment, je m'attache à démontrer mon système, lequel, étant accepté, demande sur toutes les opérations une précision que j'évite dans ce moment, pour empêcher les frais d'impression, n'ayant pas les moyens d'en faire, mais que je pourrai faire par la suite, et qui en même temps laisse le système plus au net et plus facile à concevoir, n'étant que le quart de ce qu'il serait étant détaillé avec précision.

Quand on connaîtra au juste l'épaisseur de l'atmosphère, on pourra calculer la véritable distance de la terre au soleil, à quelques centaines de lieues près ; et pour le savoir à quelques lieues près, je le regarde comme impossible.

J'ai marqué la circonférence que décrit la terre autour du soleil par un trait de plume, pour faire voir que la terre ne peut trouver son équilibre qu'à la même distance du soleil, car les rayons du soleil perdent de leur force à mesure qu'ils s'en écartent : donc il n'y a qu'une distance convenable qui puisse faire équilibre avec la terre.

On est étonné de voir que, quand nous sommes à l'autre extrémité de notre orbite, nous trouvions

les étoiles aussi grosses à une position qu'à l'autre
c'est que l'on se trompe de beaucoup sur la distance
qu'on lui donne, quand on nous met à 34 millions
de lieues du soleil, ce qui est contre les principes
mathématiques; car le rayon d'une circonférence
quelconque vaut la sixième partie de cette même
circonférence, moins une fraction qui ne peut être
que la 21me partie de la somme trouvée : donc, 34
millions de lieues de la terre au soleil est le rayon
de la circonférence parcourue par la terre autour de
lui, puisqu'on est convenu que c'est la terre qui
tourne, d'autant plus que ceci est prouvé par l'expérience, donc; 34 millions, multipliés, par 6 nous
donnent 204 millions de lieues parcourues par la
terre dans un an, ce qui donne pour la marche d'un
jours la 365me partie qui est de 558,904 pour la marche d'un seul jour de la terre autour du soleil, qui
doit être égale à sa circonférence. Or donc, la terre
n'ayant que 9,000 lieues de tour, elle ne peut pas
faire 558,904 lieues par jour; elle ne peut faire que
9,000 lieues, d'après sa grosseur; suivant le calcul de 34 millions de lieues, elle en aurait 558,904
de circonférence et nous sommes sûrs du contraire.
Mais pour les 9,000 lieues qu'on lui donne nous
sommes sûrs de la réalité, puisque nous sommes
dessus. Nous pouvons la mesurer, comme on a fait;
et d'après mon système je trouve que la distance
de la terre au soleil est de 547,500 lieues, qui
n'étant que la 62me partie, s'accordent parfaitement
avec l'expérience, et que l'ancien calcul se dément à

chaque pas en exagérant les grosseurs et les distances; c'est pourquoi l'on s'étonne de ne pas voir changer les planètes de grosseur, dans les diverses positions que nous occupons, les croyant beaucoup plus près ou beaucoup plus éloignées qu'elles ne le sont . Mais si l'on admet mon système, on ne sera plus étonné de les voir toujours de la même grosseur ; car que peut faire le diamètre de la circonférence que décrit la terre autour du soleil à l'égard de la distance des étoiles au soleil, qui est infiniment plus éloigné que toutes les planètes? Un pareil rapprochement ne fait pas grand chose. C'est par ce motif qu'on ne les voit pas changer de grosseur, ce qui prouve que nous ne sommes pas si éloignés du soleil et vient à l'appui de mon principe', qui est démontré mathématiquement par le rapport du diamètre à la circonférence.

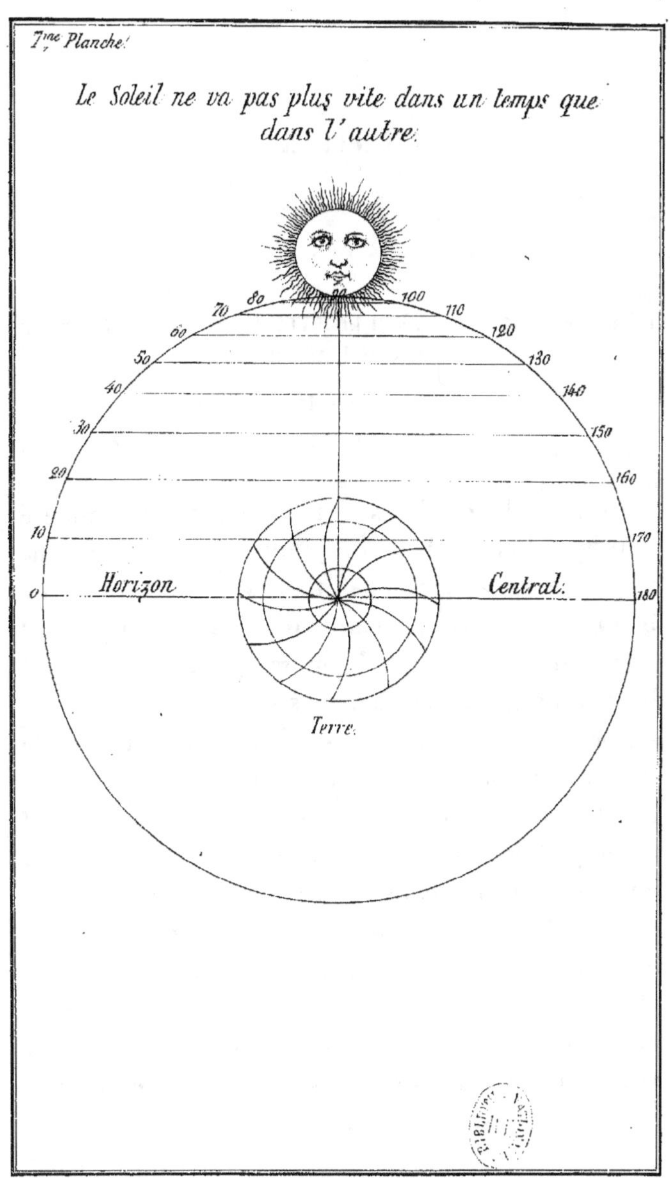

7.me Planche.
Le Soleil ne va pas plus vite dans un temps que dans l'autre.
70 80 100 110
60 120
50 130
40 140
30 150
20 160
10 170
o Horizon Central 180
Terre.

CHAPITRE 7.

LE SOLEIL NE VA PAS PLUS VITE DANS UN TEMPS QUE DANS L'AUTRE.

La planche 7 nous le démontre.

Lorsque le soleil est à l'horizon et qu'il monte d'un parallèle à l'autre, quoique les arcs soient les mêmes, les parallèles de ces arcs montent de moins en moins à mesure que le soleil monte, et pourtant les arcs sont de même grandeur et plus les parallèles s'approchent les uns des autres, à un tel point, que lorsque le soleil est à sa plus grande hauteur, il parcourt un arc double sans paraître monter ni descendre; c'est ce qui fait croire qu'il reste quelques temps stable, et pourtant il va aussi vite dans un temps que dans l'autre et ne s'arrête jamais. L'inspection de cette figure nous fait voir qu'à mesure qu'il monte, il semble ralentir sa marche, comme également quand il descend il conserve la même graduation qu'en montant. Comme vous voyez, il parcourt des arcs égaux en des temps égaux; ce n'est que sa position à notre égard qui en fait la différence, car nn arc qui est à notre horizon est pour nous vertical et nous présente tout son arc pour hauteur, tandis que celui qui est au-dessus de notre tête ne nous présente presque pas de hauteur; il s'étend sur la dernière parallèle, et à ceux qui sont à notre couchant il présente tout son arc pour une élévation égale à sa corde. Chaque position a son point d'élévation ce qui fait changer les apparences; quoique pourtant les arcs soient partout les mêmes, et que le soleil les parcoure en des temps égaux, il ne laisse pas néanmoins de nous donner de fausses apparences, ce qui nous fait croire qu'il monte plus vite dans un temps que dans]'autre, et pourtant la figure n° 7 nous fait voir le contraire.

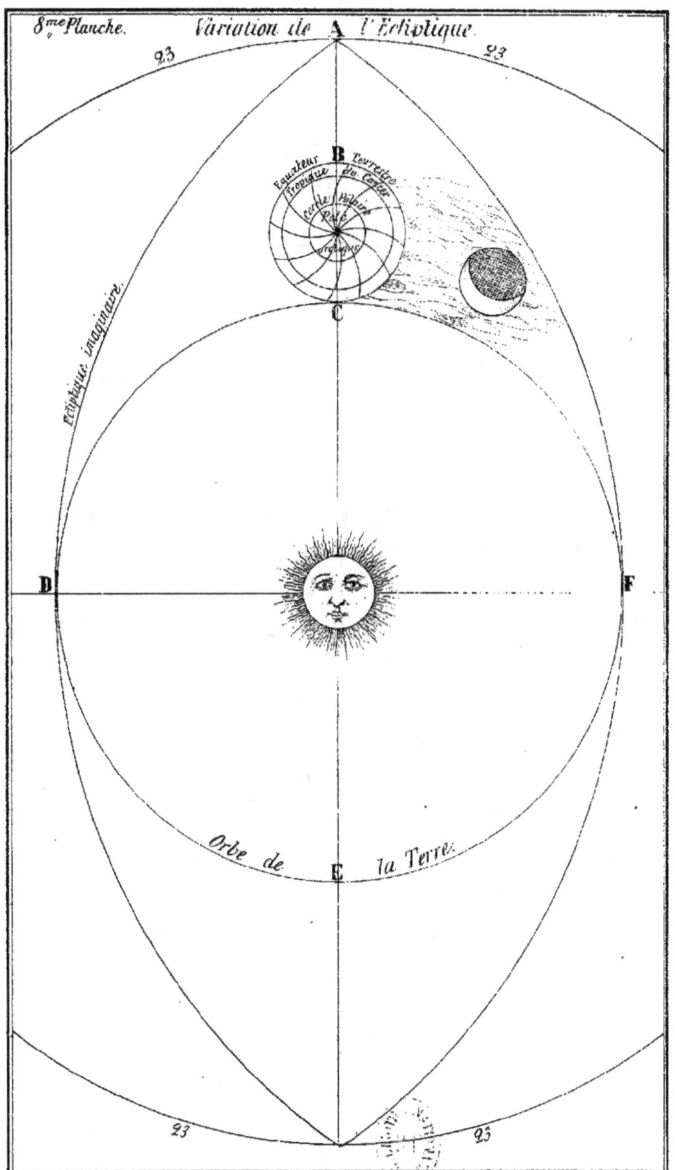

8me Planche.
Variation de l'Ecliptique.
A
23
23
B
Equateur Terrestre
Tropique du Cancer
Cercle Polaire
Pôle
Tropique
C
Ecliptique imaginaire
D
F
Orbe de la Terre
E
23
23

CHAPITRE 8.

ÉCLIPTIQUE RÉEL ET ÉCLIPTIQUE IMAGINAIRE.

L'Écliptique est le tracé par où passe le soleil, c'est-à-dire par où il paraît passer, car le soleil est stable au centre de l'univers, et c'est la terre qui tourne autour de lui. Mais les apparences nous font croire que c'est lui qui tourne autour de la terre, et l'inclinaison de la terre, qui change la position de l'observateur à l'égard du soleil, sans pour celà changer le centre de la terre à son égard, nous donne l'apparence d'une marche ovale que le soleil aurait autour d'elle; mais il ne faut pas se laisser tromper par cette apparence : car la terre, en tournant autour du soleil, ne peut le faire que par une circonférence, puisque la terre, en équilibre dans ses rayons, doit nécessairement garder autour de lui la même distance; car nous devons supposer au soleil même force de rayons autour de lui, jusqu'à ce que nous ayons les preuves du contraire. Dans pareil cas, le tracé du soleil autour de la terre ne serait pas régulier et ne pourrait pas non plus donner un oval régulier. Donc nous devons considérer la marche de la terre sur une circonférence parfaite, et dont le point central est toujours à la même dis·tance du soleil. Il n'y a que les parties de sa surface qui changent à l'égard de ses rayons, en les recevant plus ou moins obliquement, ce qui donne plus ou moins de chaleur à tous les habitants de la terre ; et si l'observateur est en B, étant sur l'équateur ter-restre, ou ligne équinoxiale, il voit le soleil passer deux fois au-dessus de sa tête de 23 degrés de chaque côté, comme il est marqué par la planche 8me, ce qui est l'effet de l'inclinaison de la terre, qui éloigne l'observateur du soleil d'un pareil nombre de degrés. Ensuite, l'inclinaison se faisant en sens con-traire, le ramène au même point de départ, et le centre de la terre n'a pas changé de distance à l'égard du soleil ; il n'y a que les parties de la sur-face de la terre qui ont changé pour se remettre comme elles étaient auparavant, et chaque année en fait autant.

Il n'y a pas d'écliptique qui fasse décrire au soleil une figure ovale; le soleil est toujours au centre; il n'y a que la superficie de la terre qui change à son égard. Ce sont les deux tropiques qui s'approchent ou qui s'éloignent de la perpendiculaire des rayons du soleil qui font les quatre saisons , et le terme moyen entre les deux tropiques est la ligne équi-noxiale, qui partage en deux parties égales la distance comprise entre les deux tropiques; c'est pour cela qu'elle est nommée ligne équinoxiale : c'est le temps où les jours sont égaux aux nuits , et ces beaux phénomènes sont occasionnés par le contre-poids de la lune, qui fait pencher la terre ou d'un côté ou de l'autre de cette ligne équinoxiale.

Cette alternative d'inclinaison, qui éloigne ou qui approche l'observateur de la perpendiculaire des rayons du soleil, donne une différence de 575 lieues, ce qui fait beaucoup pour la force des rayons; car cette distance doit être comparée au quart de la circonférence de la terre, qui est de 2,250 lieues, et non à la distance de la terre au soleil, puisque le changement des saisons ne provient que de l'incli-naison de la terre et non de son rapprochement au soleil. Chaque position de la terre est échauffée par ses rayons à proportion de leur distance à la ligne équinoxiale, et chaque position de la terre par ses inclinaisons offre des points visuels différents, ce qui donne sujet à la méprise, où l'on tombe en pensant que le soleil décrit un ovale autour de la terre, quand au contraire c'est la terre qui tourne autour de lui, et qu'il est stable au centre de l'univers comme le représente la figure 8.

L'on doit regarder l'écliptique ovale comme une figure imaginaire, que je ne trouve nullement dans mes opérations. C'est l'inclinaison de la terre qui donne lieu à la méprise; car si le soleil s'éloignait de nous, il s'éloignerait pour tous les habitants de notre globe, mais il arrive le contraire? Quand le soleil semble s'éloigner de nous, il ne s'éloigne pas pour cela de notre globe, puisque quand nous avons l'hiver, d'autres qui sont sur le même globe que nous ont l'été. Ce n'est qu'une inclinaison de la terre qui produit cette différence ; donc le soleil ne s'éloigne pas de notre globe ; et, par l'écliptique, il s'en éloignerait pour s'en approcher dans un autre temps. Il n'y a qu'une circonférence parfaite qui puisse mettre les planètes à égale distance du soleil, dans leur mouvement circulaire autour de lui ; et comme nous savons que c'est la terre qui tourne autour du soleil, ce serait donc la terre qui s'éloignerait ou qui s'approcherait de lui.

Mais quelle est la cause qui la ferait éloigner ou approcher du soleil. Personne n'en parle, et je vois dans mes opérations que, forcée de tourner autour du soleil, par le courant des rayons qu'il lui envoie, la terre est obligée de garder la même distance autour de lui, puisqu'elle est en équilibre dans ses rayons ; et quand il y aurait des parties du soleil plus fortes en feu, ces parties ne pourraient pas la déranger de la circonférence qu'elle décrit, pour lui faire décrire un ovale parfait. Cette partie enflammée plus que toute autre ne pourrait tout au plus que lui faire décrire une circonférence irrégulière, qui n'en serait pas moins une circonférence et non un ovale. Car la terre, dans sa course, comme vous la voyez en B, entraîne avec elle la lune, qui se trouve dans le courant d'air qu'elle fait en tournant autour du soleil. Elle est obligée de la suivre, mais aussi elle a la liberté, par son poids, de descendre tantôt vers un bord de ce courant et tantôt vers l'autre, sans pour cela en pouvoir sortir, puisque le courant l'entraîne. Mais dans ce courant son poids la fait descendre alternativement vers les deux bords. C'est ce qui fait incliner la terre de 23 degrés d'un côté de l'équateur et 23 degrés de l'autre côté, et celà dans l'espace d'un an, c'est-à-dire trois mois pour s'éloigner de l'équateur en inclinant du coté du pôle arctique, et trois mois pour revenir à l'équateur ; ensuite trois mois pour s'en éloigner en inclinant du côté du pôle antarctique, et trois mois pour y revenir. Le pôle arctique est celui qui est de notre côté, et le pôle antarctique celui qui est de l'autre côté de l'équateur. Par cette raison, on voit que la terre, en allant de C en D, incline de 23 degrès du côté du pôle arctique, puis de D en E elle se relève de 23 degrés et se retrouve au même point ; ensuite, en allant de E en F, elle incline de 23 degrés du côté du pôle antarctique, puis de F en C elle se relève de 23 degrés, et se trouve au même point de départ. Et comment pourrait-on imaginer une pareille manœuvre régulière sur l'écliptique, puisque c'est la terre qui tourne autour du soleil ? Ce serait donc la terre qui décrirait la figure de l'écliptique ? Mais comment la terre pourrait-elle avoir des saisons régulières comme elle les a, avec une figure qui la mettrait à des distances disproportionnées autour du soleil, puisqu'elle décrirait un ovale ; et comme elle a des saisons régulières, c'est ce qui prouve qu'elle décrit une circonférence à peu près régulière, et, comme je l'ai dit plus haut, que lorsque nous avions l'hiver, d'autres qui sont sur la même planète que nous ont l'été. Donc le soleil n'est pas plus éloigné dans un temps que dans l'autre, il n'y a que l'inclinaison de la terre qui en fait le changement.

En admettant l'écliptique ovale, on est forcé de renoncer à l'inclinaison de la terre, car ces deux principes sont contradictoires, puisque l'un détruit l'autre. Premièrement, ils sont forcés de mettre la terre au centre de cette figure ovale, comme si c'était le soleil qui tourne autour de la terre, tandis que nous savons le contraire. En second lieu, cette figure ovale éloigne le soleil de la terre dans un temps, pour le rapprocher dans un autre, et nous savons que lorsque nous avons l'hiver, d'autres ont l'été, ce qui prouve l'inclinaison de la terre, et que l'écliptique ovale n'a que de fausses apparences. Selon les partisans de cette figure, ils admettent qu'elle incline tantôt d'un côté de l'équateur, tantôt de l'autre de 23 degrés, comme elle est représentée en A, et on ne trouve aucune cause qui la fasse agir de la sorte, au contraire, l'inclinaison est prouvée par le flux et le reflux de la mer, qui sont occasionnés par le changement de position de la lune à l'égard de la terre, ce qui la fait incliner d'un côté ou de l'autre.

L'éloignement de la lune et son rapprochement à notre égard prouve le changement de place de la lune dans le courant d'air que la terre fait dans sa marche, et le changement de la lune, donne un contrepoids à la terre, qui le fait pencher du côté où elle se trouve. Toutes ces raisons sont suffisantes pour prouver l'inclinaison de la terre, et je ne mets ici l'écliptique que pour en donner une idée, afin de mieux comparer les deux systèmes : les commençants peuvent laisser de côté l'écliptique et n'avoir égard qu'à l'orbe de la terre, qui se trouve être écliptique et orbe tout à la fois, représenté par la circonférence C D E F.

CHAPITRE 9.

LONGUEUR DES JOURS OU INCLINAISON DE LA TERRE.

Nous avons dit plus haut que l'on admette que ce soit le soleil qui tourne autour de la terre, ou que ce soit la terre qui tourne autour du soleil, le calcul est toujours le même; nous allons supposer, ici, que c'est le soleil qui tourne autour de la terre, selon l'apparence.

Lorsque le soleil se lève et se couche au tropique du cancer, les jours sont plus grands que les nuits, car il se lève à quatre heures du matin et se couche à huit heures du soir (figure 2), le soleil est les deux tiers sur notre hémisphère, et quand il se lève à l'équateur, il se lève à 6 heures du matin et se couche à 6 heures du soir : il partage la terre en deux parties égales, les jours sont égaux aux nuits; mais quand il se lève au tropique du capricorne (figure 1), il se lève à huit heures et se couche à quatre heures; les nuits sont longues et les jours sont courts, il y a 1/3 de jour et 2/3 de nuit : alors le soleil est beaucoup moins de temps sur notre émisphère. Les figures 1 et 2 vous font voir comment cela peut se faire; car nous occupons la position du globe marquée par E, or donc : le soleil s'éloignant

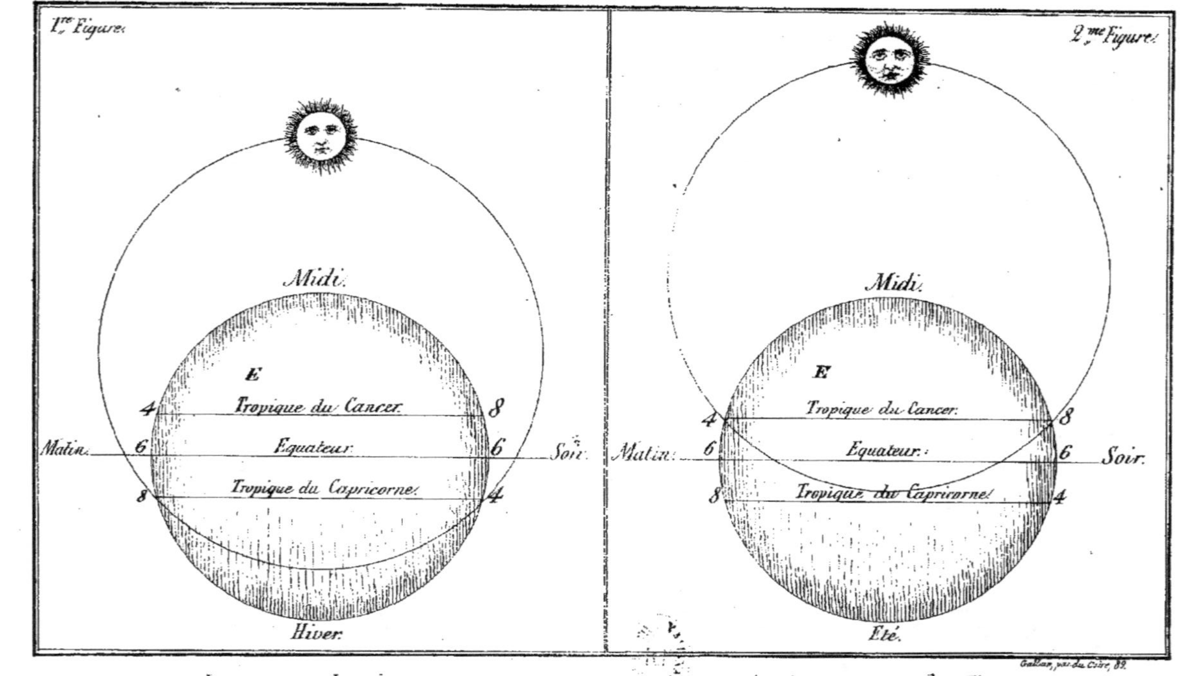

9.me Planche.
1.re Figure.
2.me Figure.
Midi.
Midi.
E
E
Tropique du Cancer.
Tropique du Cancer.
Equateur.
Equateur.
Tropique du Capricorne.
Tropique du Capricorne.
Matin.
Matin.
Soir.
Soir.
4
6
8
8
6
4
4
6
8
8
6
4
Hiver.
Eté.
Gallan, par du Ciel, 89.
Longueur des jours
ou
inclinaison de la Terre.

de nous doit nous donner de longues nuits; comme quand il se lève et se couche au tropique du cancer (figure 2) il est beaucoup plus longtemps sur notre émisphère, c'est pourquoi nous avons de longs jours. Ce qui occasionne ce changement, c'est l'inclinaison de la terre, qui nous met ou plus près ou plus éloignés des rayons du soleil.

Le changement de position que fait le soleil, à l'égard de la terre, vient de l'inclinaison que la terre opère par le contre-poids de la lune, qui la fait incliner du côté où elle se trouve de 23 degrés, tantôt d'un côté de l'équateur et tantôt de l'autre; ce qui donne au soleil une variation de temps proportionnée à l'inclinaison de la terre, qui change la longueur des jours et des nuits à tous les habitants de la terre; et tous ceux qui habittent les pôles, par ce changement, ont six mois de jour et six mois de nuit, et voient le soleil tourner horizontalement. Lorsque le soleil est au-dessus de l'horizon, ils ont six mois de jours, et quand il est au-dessous, ils ont six mois de nuits. Donc tous les habitants de la terre voient le soleil incliné plus ou moins, selon la position qu'ils occupent. Il n'y a que ceux qui sont à l'équateur qui le voient tourner droit au-dessus de leurs têtes et tel qu'on le voit représenté par les deux figures de la planche : 9 on voit par la 1re qu'il n'a d'élévation qu'un tiers sur notre émisphère et les deux autres tiers en dessous, et au contraire, par la 2me figure, qu'il est les deux tiers sur notre hémisphère, et un tiers en dessous.

CHAPITRE 10.

SIX MOIS DE JOUR ET SIX MOIS DE NUIT.

La planche 10 représente les deux positions de la terre autour du soleil: la figure 1re représente le soleil à l'égard des Lapons selon l'apparence, et la figure 2 représente la terre dans sa position réelle à l'égard du soleil ; car la terre, tournant sur son équateur, présente ses pôles horizontalement au soleil; c'est pourquoi le soleil semble tourner horizontalement autour de la terre, pour les habitants des pôles, et que chacun selon sa position, trouve plus ou moins d'obliquité dans la marche du soleil. Le soleil semble tourner horizontalement, et pourtant c'est la terre qui tourne sur son équateur autour de lui, comme il est représenté par la figure 2. L'illusion nous trompe, de même que lorsque nous sommes dans un bateau, le rivage semble avancer ou reculer et le bateau rester immobile au milieu de l'eau ; pourtant nous sommes sûr du contraire. Il est donc des occasions où il faut

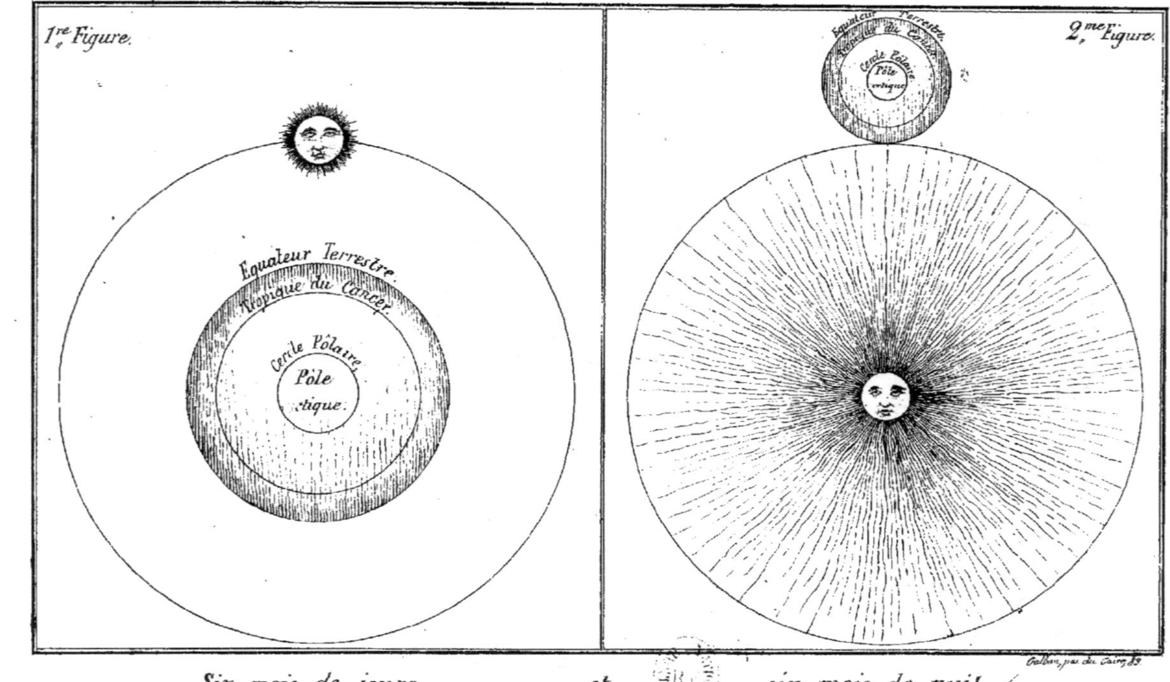

Six mois de jours   et   six mois de nuit.

nous méfier des apparences. Le soleil, à l'égard des habitants du pôle, tourne horizontalement, il est 6 mois au-dessus de l'horizon et 6 mois au-dessous ; la sphère pour eux est droite aussi, puisque le pôle est perpendiculaire au plan de l'équateur.

La sphère, soit disant, est inclinée, mais par rapport à qui? sans doute par rapport à nous; mais ceux qui sont sous la ligne peuvent nous dire qu'elle est droite par rapport à eux, et ils auront plus raison que nous, car chacun ne doit pas l'incliner à sa volonté. L'on doit la représenter droite, et chacun doit reconnaître la position qu'il occupe, mieux encore que s'il l'inclinait à son caprice; car il faudrait demander à chaque habitant du globe de combien il a incliné la terre, par rapport à sa position, ce que l'on peut éviter en la mettant droite pour tous les peuples, et chacun reconnaîtra mieux le point qu'il occupe. Ce changement de position que fait le soleil vient de l'inclinaison que la terre opère dans ses mouvements; elle incline, par le contre-poids de la lune, de 23 degrés, tantôt d'un côté de l'équateur et tantôt de l'autre, ce qui donne au soleil une variation de 46 degrés, qui change la longueur des jours et des nuits pour tous les habitants de la terre. Les Lapons, par ce changement, ont six mois de jour et six mois de nuit, parce qu'ils occupent le pôle et qu'ils voient le soleil tourner horizontalement. Lorsque le soleil est au-dessus de l'horizon, ils ont six mois de jour,

et quand il est au-dessous, ils ont six mois de nuit:
donc tous les habitants de la terre voient le soleil
incliné plus ou moins, selon la position qu'ils
occupent.

11.me Planche.

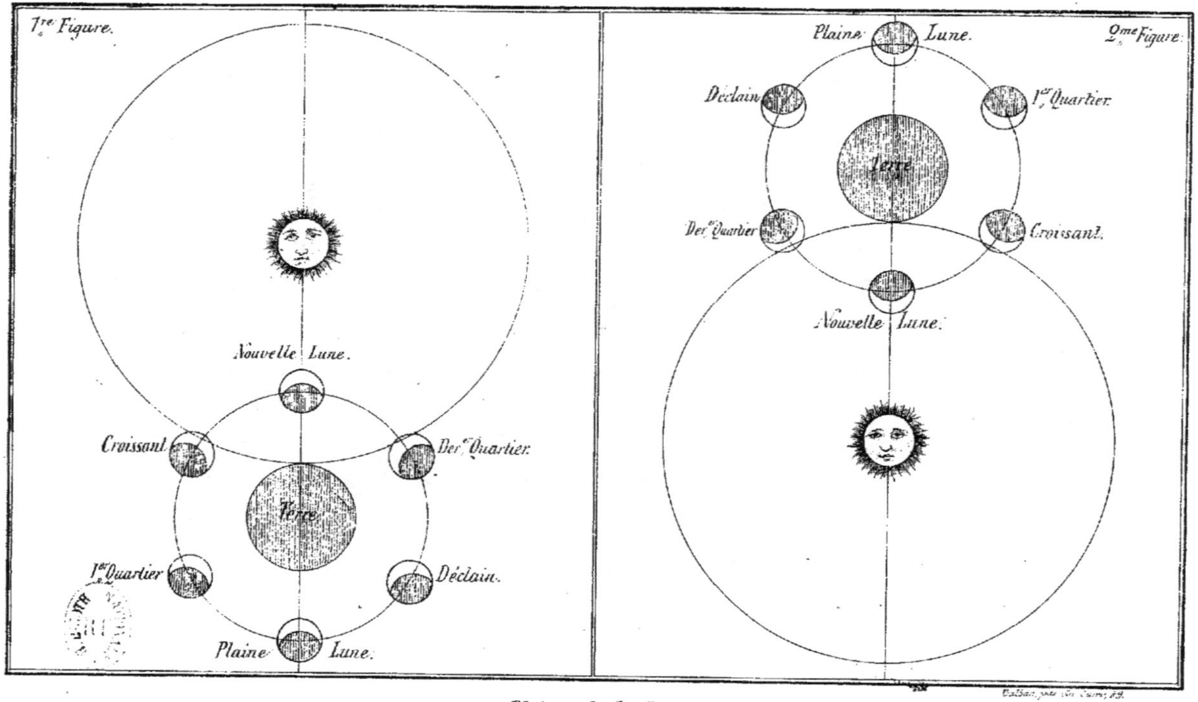

Phâses de la Lune.

CHAPITRE 11.

<hr>

LES PHASES DE LA LUNE.

Les phases de la lune sont éclairées par le soleil, d'après les positions qu'elles occupent autour de la terre, comme la planche 11 nous le représente.

Nous avons nouvelle lune lorsque la lune est entre le soleil et la terre; la partie éclairée, étant en face le soleil, ne nous est pas visible, puisque la partie non éclairée nous cache celle qui l'est, comme nous le voyons par la planche 1 : au contraire, en pleine lune, c'est la terre qui est entre le soleil et la lune, comme vous voyez par les figures 1 et 2. Aussi cette position nous donne des éclipses de lune; et quand la lune a quitté la ligne commune des trois planètes qui passe par les trois centres, le soleil qui est à l'opposé de la lune, éclaire la partie visible : c'est alors que nous avons la pleine lune, qui continue ainsi tant que le soleil l'éclaire en dessous, parce que la lune avance de trois quarts d'heure par jour; dans le Levant, le soleil l'éclaire sur le côté de plus en plus, à proportion qu'elle avance autour de la terre. Et quand elle rencontre la ligne droite qui passe par les trois centres, elle est dans son plein, car alors la partie éclairée est au-dessus de notre tête, et la partie non éclairée étant au-dessus de celle qui est éclairée, ne peut pas nous la cacher; puis elle redescend de l'autre côté de cette ligne droite et est éclairée en sens contraire, ce qui donne le déclin de la lune, jusqu'à ce que la partie éclairée disparaisse à nos yeux : c'est alors qu'elle est nouvelle, et recommence ainsi tous les mois. Donc la clarté du soleil fait le tour de la lune, en même temps que la lune fait le tour de la terre.

Nous voyons par cette raison, la lune augmenter en clarté et diminuer aussi, selon le côté qui est éclairé; c'est ce qui nous donne tous les mois une lunaison; et les pointes du croissant ou du déclin de la lune sont toujours à l'opposé du soleil : ainsi le croissant a ses pointes tournées au levant, puisque le soleil est dans le couchant; par la même raison, les pointes du déclin sont tournées au couchant, puisque le soleil est au levant; donc la nouvelle lune est toujours le soir et le déclin au matin.

12.me Planche.

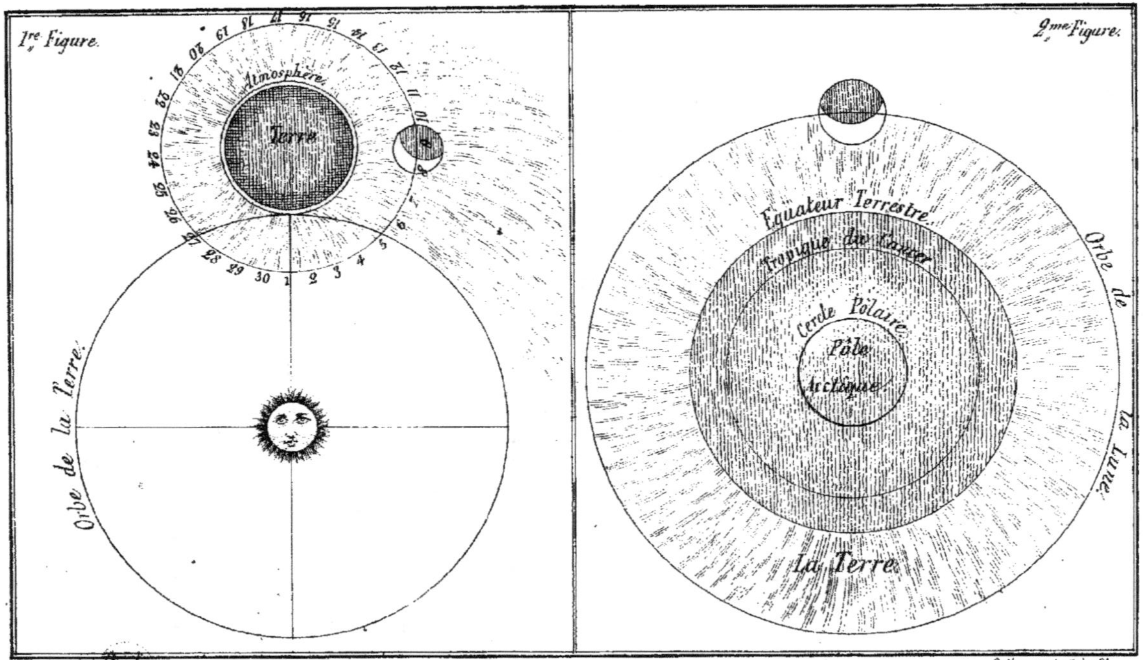

Les 30 positions   de la Lune   autour de la Terre.

CHAPITRE 12.

LES TRENTE POSITIONS DE LA LUNE AUTOUR DE LA TERRE.

La figure n° 1, planche 12, représente la terre tournant avec son atmosphère autour du soleil, et faisant tourner la lune autour d'elle de 12 degrés par jour, laquelle, au bout d'un mois, fait le tour de la terre ; elle commence au n° 1 et va jusqu'au n° 2 en vingt-quatre heures, et du n° 2 au n° 3, ainsi de suite chaque jour, dont elle avance de 12 degrés, ce qui lui fait faire les 360 degrés de la division de l'équateur ; et par cette raison elle fait douze fois le tour de la terre, à quelque chose près, lorsque la terre ne fait qu'une fois le tour du soleil.

La figure n° 2, même planche, représente la lune tournant horizontalement à l'égard des pôles, et dont la marche est perpendiculaire à l'équateur. Cette position fait voir de combien elle avance pour être perpendiculaire au tropique du Cancer, qui est à 23 degrés de l'équateur, et c'est ce mouvement qui fait incliner la terre d'un pareil nombre de degrés de ce même côté dans l'espace de trois mois. La lune met aussi trois mois pour retourner à l'équateur, ensuite de l'équateur au tropique du Capricorne, qui est de l'autre côté de l'équateur à même distance, et elle met trois mois pour y revenir, ce qui lui fait sa marche annuelle, qui nous donne les quatre saisons, comme il est dit plus haut.

La terre tourne de droite à gauche et fait tourner aussi la lune de droite à gauche. Ce mouvement ne s'opère que par le remout que fait la terre en tournant, ce qui est représenté par les traits de crayon qui représentent la courbure qu'imprime la terre à l'air en tournant, ce qui oblige la lune à tourner autour d'elle; et, par cette raison, la lune fait douze fois le tour de la terre par an.

Si la lune était toujours à la même position, toute la terre n'aurait qu'une saison, c'est-à-dire chaque position de la terre ne changerait pas; les uns auraient toujours chaud et les autres toujours froid : ce sont les changements de la lune qui donnent les saisons, en faisant incliner la terre vers les rayons du soleil, ou la faisant incliner à l'opposé, ce qui fait changer les positions.

Ce qui prouve que la lune fait incliner la terre, c'est que, quand elle s'éloigne de nous, elle va vers l'autre côté de l'équateur, et nous fait pencher vers le soleil; et quand elle vient vers nous, elle nous fait pencher vers le nord, ce qui nous en éloigne; donc elle est comme un contre-poids qui fait pencher la terre du côté où elle va, ce qui nous donne les saisons ; autrement, si la lune n'avait aucun mouvement, nous aurions toujours même température. C'est cette promenade alternative qui nous amène les saisons. Car la lune, en tournant autour de la terre, ne tourne pas droit sur son équateur ; elle ne le peut pas : le mouvement de la terre la chasse tantôt d'un côté, tantôt de l'autre. Comme la terre fait tourner la lune autour d'elle, la lune ne peut pas quitter le courant d'air que fait la terre en tournant, qui se trouve en droite ligne de sa marche ; et comme le poids de la lune l'entraîne à l'opposé de l'équateur, elle va jusqu'au bord du courant d'air que fait la terre en tournant ; là, elle s'arrête un peu, mais l'air qui pèse dessus et le courant qui l'entraîne la forcent à retourner d'où elle vient, et son poids l'entraîne vers l'équateur ; et l'équateur, qui ne peut pas la souffrir, la pousse de l'autre côté du courant, où elle redescend encore près du bord. Étant arrivé là, l'air pèse dessus, et le courant qui la retient, ainsi que son poids, la forcent encore à retourner pour recommencer, et toujours de même. La lune suivrait la terre toujours à la même position, si elle n'avait pas son poids qui la fait descendre dans ce courant d'air qui la force à retourner sur ses pas, ce qui fait un mouvement continuel qui varie les saisons. La lune, en s'éloignant de nous, fait pencher la terre du côté où elle va ; donc elle nous fait approcher des rayons du soleil, et il nous semble que c'est le soleil qui vient vers nous : ce n'est qu'une fausse apparence, car le soleil est stable au centre de l'univers ; de même quand la lune s'approche de nous, elle fait pencher la terre à l'opposé du soleil, ce qui nous écarte de ses rayons, et les apparences nous font croire que c'est le soleil qui s'écarte de nous, pendant que c'est nous qui nous en éloignons. Ceci nous prouve que c'est la lune qui nous éloigne ou qui nous approche des rayons du soleil, et que l'apparence seule fait croire que le soleil et la lune ont une marche à l'opposé l'un de l'autre : donc c'est l'inclinaison de la terre qui donne cette fausse apparence.

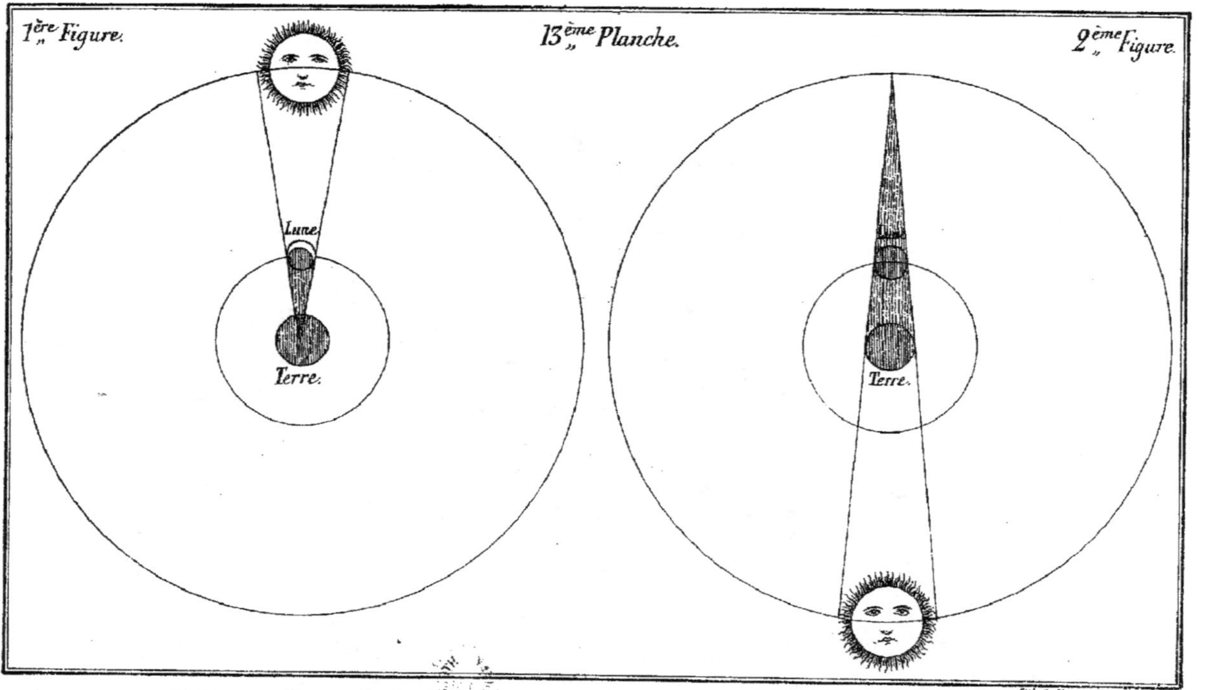

Eclipse de Soleil.

Eclipse de Lune.

CHAPITRE 13.

———◦———

ÉCLIPSE DE SOLEIL ET ÉCLIPSE DE LUNE.

L'éclipse de soleil a lieu quand la lune se trouve entre la terre et le soleil, tel que la figure n° 1 le représente ; alors la lune intercepte les rayons du soleil, et elle forme une ombre sur la terre : c'est ce qui fait l'éclipse ; car alors la lune empêche de voir le soleil jusqu'à ce que la lune quitte la ligne droite qui passe par les trois centres.

L'éclipse de lune se fait quand la terre est entre le soleil et la lune, tel que la figure n° 2 le représente : ici c'est la terre qui intercepte les rayons du soleil et qui porte son ombre sur la lune ; et lorsque l'un des trois corps se dérange de la ligne, il n'y a plus d'éclipse.

Pour les éclipses et les phases de la lune, je ne diffère, avec messieurs nos astronomes, que sur l'orbe du soleil, qu'ils supposent ovale et que je trouve rond, d'une circonférence parfaite, à bien peu de chose près, et même les phases prouvent que l'orbe de la terre autour du soleil est rond, puisque les calculs de la durée des éclipses sont basés sur une circonférence parfaitement ronde, et se trouvent exacts ; et si l'écliptique existait, l'on ne pourrait pas trouver le temps au juste, puisque le soleil n'aurait pas une marche régulière autour de la terre. Car dans le temps qu'il monterait l'écliptique, il avancerait moins autour de la terre, ce qui donnerait une irrégularité. Je dis que le soleil monterait l'écliptique, car l'on peut prendre que ce soit le soleil ou la terre qui décrive cette figure imaginaire, puisque nous avons dit que, soit l'on adoptât que ce soit le soleil qui tourne ou bien la terre, les cellules étaient les mêmes. Par cette raison, il vaut mieux dire que c'est la terre qui tourne, puisque c'est l'évidence qui nous le démontre : donc ce serait la terre qui parcourrait l'écliptique et qui donnerait des inégalités dans sa marche.

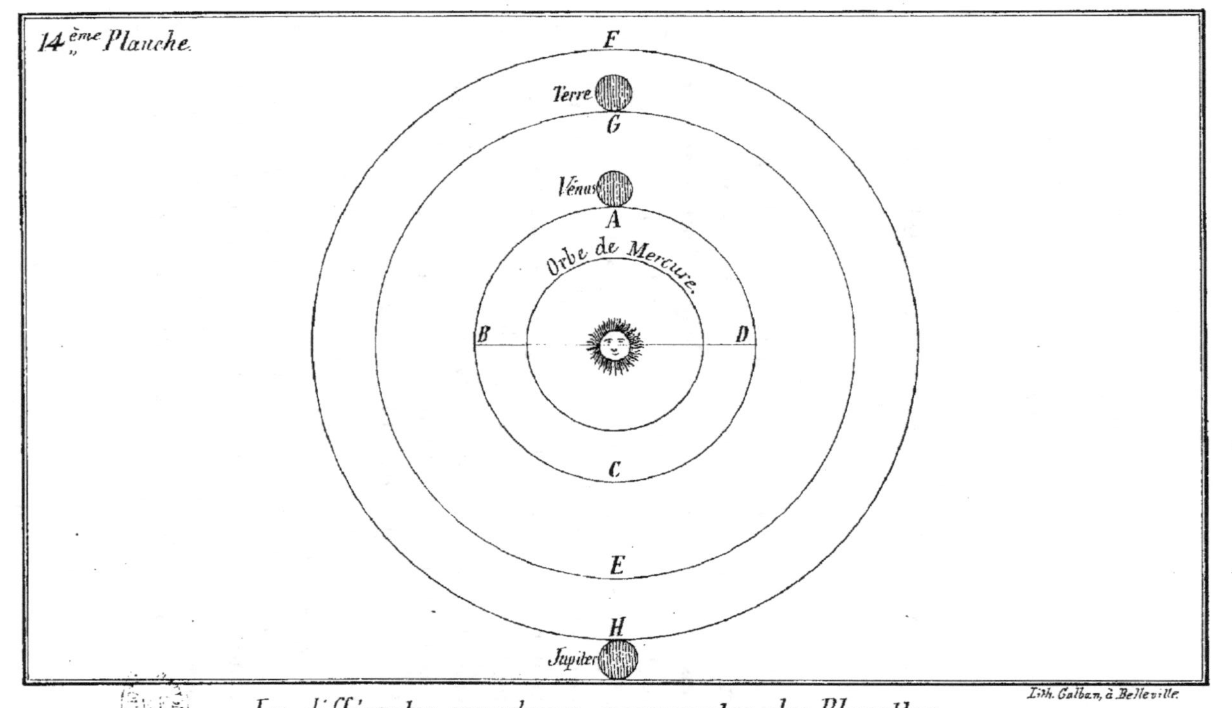

Les différentes grandeurs apparentes des Planettes.

CHAPITRE 14.

LES DIFFÉRENTES GRANDEURS APPARENTES DES PLANÈTES.

Les planètes, quoique faisant le tour du soleil sur une circonférence à peu près régulière , ne laissent pas néanmoins de changer leurs distances les unes à l'égard des autres, comme on le voit par la planche 14, puisque toutes ces planètes n'ont pas la même vîtesse dans leur marche, ni la même circonférence à parcourir, ne peuvent pas garder la même distance les unes à l'égard des autres ; au contraire, c'est ce qui les rapproche dans un temps et les éloigne dans un autre, en raison des circonférences qu'elles parcourent, ce qui nous les fait voir plus ou moins grandes, à proportion de leurs distances à notre égard.

La planche 14 nous fait voir que Vénus est beaucoup plus près de nous en A qu'en B, et son plus grand éloignement en C. Donc, ces diverses positions nous éloignent beaucoup l'un de l'autre, et pourtant elle fait son chemin et ne s'éloigne pas de sa course ordinaire, les diverses positions peuvent bien grossir le diamètre à la vue, puisque nous sommes plus ou moins éloignés dans une position que dans l'autre ; il n'y a que le point **D** qui présente même distance que le point **B**.

Plus une planète a son orbe près de la nôtre, plus elle semble s'éloigner de nous, et plus elle semble s'en approcher quand la vîtesse de sa marche n'est pas comme la nôtre ; il faut nécessairement que nous nous éloignions l'un de l'autre ou que nous nous approchions, et l'on conçoit que les changements sont beaucoup plus sensibles quand les planètes passent près de nous.

Jupiter, par exemple, passant près de nous, présente une différence encore plus grande que Vénus, puisqu'il décrit autour du soleil une circonférence plus grande que la nôtre, ce qui l'éloigne de nous encore davantage que Vénus, qui est beaucoup moins éloignée du soleil, et l'on voit les planètes grossir ou diminuer à proportion de leur distance à notre égard ; c'est-à-dire que plus elles passent près de nous, plus la vîtesse est sensible ; mais dans les deux cas de vîtesse et de lenteur, elles nous présentent même apparence pour le changement de grandeur ; il n'y a que celles qui auraient une marche qui serait proportionnée à l'orbe qu'elles décrivent, et qui soit dans le rapport de notre marche, qui se trouveraient à faire le tour du soleil en même temps que nous, qui ne nous présen-

teraient pas aucun changement, ou que si la différence était peu, donneraient peu de changement
dans l'apparition de grosseur et de vitesse.

Quand une planète telle que Jupiter, qui est plus
éloignée que nous du soleil, est à sa plus grande
distance de nous, nous sommes sûrs d'avoir une
différence de plus de deux fois la distance du soleil
à la terre : or donc, celui qui se croit à 34 millions
de lieues du soleil, croit donc que la différence d'une
position à l'autre à notre égard est de plus de 68
millions de lieues de nous, et quant cette planète
est au plus près, elle n'en est pas à plus de 2 ou 3
millions de lieues, d'après le même calcul. Et d'a-
près le mien, il y a beaucoup moins, mais il y a
même proportion de changement de distance d'une
planète à l'autre, qui est de deux fois la distance de
la terre au soleil, plus une fois la distance de Jupiter à la terre ; c'est-à-dire que la terre étant en **F**
présente encore la même distance qu'en **E**. Voyez
quelle différence de distance d'une position à l'autre.
La terre étant en **G** et Jupiter en **H**, nous présente
deux fois la distance de la terre au soleil en plus,
ce qui nous fait six fois plus de distance dans une
position que dans l'autre : l'on peut bien, par cette
raison, trouver du changement dans les grandeurs
et dans les vîtesses des planètes, d'une position à
l'autre.

Pour ceux qui se croient à 34 millions de lieues
du soleil, ils trouvent une différence de 68 millions
de lieues en plus.

Quant à moi, qui ne trouve pour la distance du soleil que 547,500 lieues, ce qui me donne pour deux fois la distance du soleil 1,095,000 lieues, il y a bien de la différence, mais il y a même proportion dans le changement de grandeur et de vîtesse.

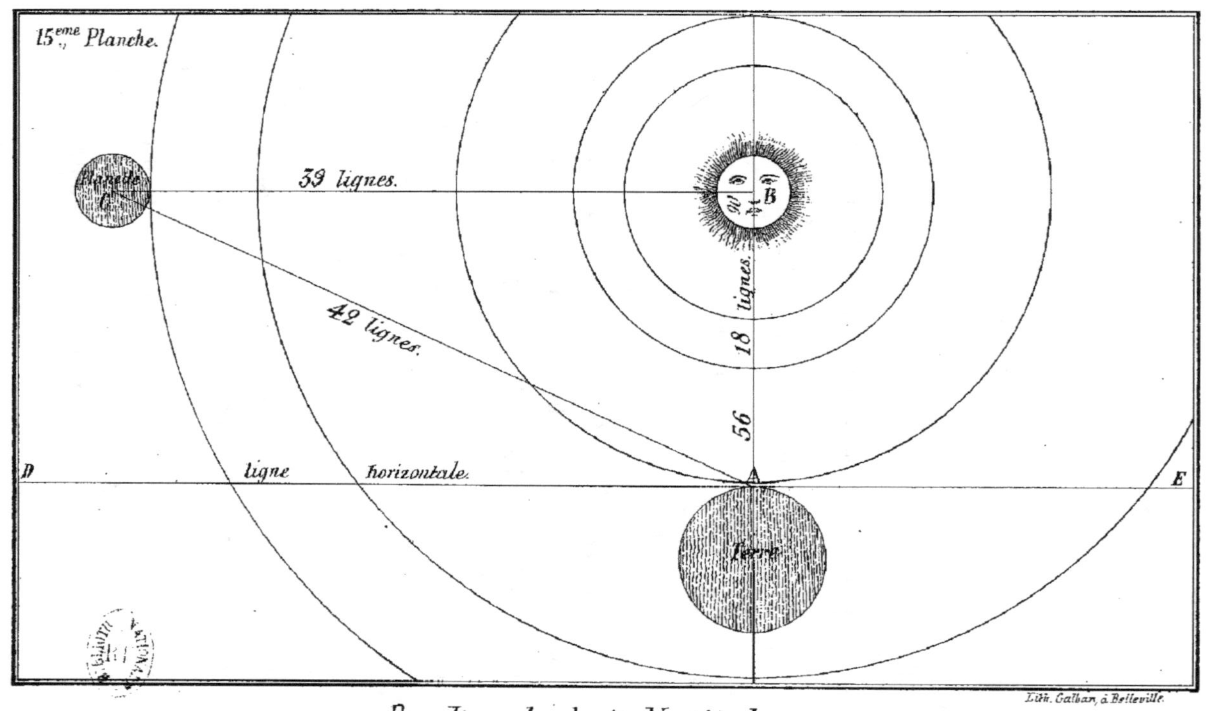

Par l'angle droit Vertical.

HAPITRE 15

MOYENS POUR DÉTERMINER LES DISTANCES

Par l'angle droit vertical.

(15ᵐᵉ Planche.)

Toutes ces circonférences, décrites autour du soleil, sont autant d'orbes parcourues par autant de planètes qui font partie de notre système; et comme elles tournent autour du soleil, on peut toujours former un angle droit, en saisissant le moment où la planète et le soleil sont sur une ligne parallèle à notre horizon, comme C B, et connaissant la distance du soleil à la terre, représentée par la ligne A B, nous fait un côté connu, et cette même ligne droite A B, qui passe par les deux centres, forme un angle droit en B au centre du soleil, et l'angle de 56 degrés que je trouve en A en observant ces deux planètes, nous font trois choses connues, le côté A B, et les deux angles adjacents dans le triangle; donc nous pouvons déterminer les trois autres parties de ce triangle, et, par cette raison, nous pouvons déterminer la distance de cette planète à nous ou de cette planète au soleil ; il faut pour cela établir une proportion entre le petit triangle formé sur le papier, d'après les observations faites et le grand triangle que l'on imagine aller au soleil.

Formatiou du triangle.

Je commence d'abord par former mon triangle sur le papier, en exécutant ponctuellement les trois conditions du triangle que je viens de trouver.

Je tire à cet effet une ligne D E horizontale, sans fixer aucune longueur, puis d'un point quelconque sur cette ligne, j'élève une perpendiculaire A B, sans fixer encore la longueur, puis du point B, pris à volonté, je tire une parallèle à la ligne horizontale D E ; ensuite au point A je forme un angle tel que je l'ai trouvé dans mes observations, et cet angle formera mon triangle semblable à celui que je suppose aller à la planète, puisqu'ils ont tous les deux un angle droit en B, un angle de 56 en A et un côté A B proportionné au même côté du grand triangle, comme il est démontré aux triangles semblables, 2me figure, 17me Planche ; et connaissant la longueur du côté A B, qui est la distance du soleil à la terre, je peux déterminer les deux autres côtés, puisqu'ils lui sont proportionnels et qu'ils donnent un triangle semblable à celui que forment les trois planètes dont on cherche à connaître les distances, puisqu'ils ont leurs côtés semblables proportionnés les uns aux autres, l'on peut établir cette proportion, que les côtés du petit triangle sont proportionnés aux côtés homologues du grand, formé par les trois planètes, et dire 18 lignes est à 547,500 lieues, qui est la distance du soleil à la terre, comme 42 lignes est à un quatrième terme, qui est celui que nous cherchons, de la terre à cette planète ou de cette planète au soleil, en disant 18 lignes est à 547,500 lieues comme 39 lignes est à un quatrième terme, qui est la distance de la planète au soleil, et qui est aussi le côté homologue avec lequel je le compare, et que l'on énonce en géométrie comme il suit :

18 lignes : 547,500 : : 42 lignes : un 4me terme

18 lignes : 547,500 : : 39 lignes : un 4me terme

et en opérant je multiplie le troisième terme par le second et divise le produit par le premier terme, ce qui me donne le quatrième terme

18 lignes :   547,500 lieues : : 42 lig. : un

1,277,500 lieues   42   4me terme

$$\begin{array}{r} 1,095,000 \\ 21,900,000 \\ \hline 22,995,000 \\ 49 \\ 159 \\ 135 \\ \text{»}\,90 \\ 0000 \end{array}$$

pour la distance de la terre à la planète dans la

proportion où est le triangle, pris à volonté, n'ayant pas d'instruments pour en former un d'après les règles,

Pour prouver la règle, je fais l'inverse, et je dis :

42 lig. : 1,277,500 lieues : : 18 lig : un 4me terme

et le quatrième terme est 547,500 lieues que doit donner 18 lignes en opérant comme à la règle ci-dessus ; il en est de même de toutes les propositions

Donc, les lignes qui représentent les distances sont proportionnelles aux distances immenses qui séparent les planètes les unes des autres, et par ce moyen on est sûr de ses opérations, plutôt que de se supposer au centre de la terre pour trouver la paralaxe, puisque nous pouvons calculer les distances à partir du lieu que nous habitons, ce qui est bien plus simple et plus correct.

Ainsi, quand on dit qu'il y a 33 millions de lieues de la terre au soleil, il faut que toutes les conséquences qu'on peut en tirer soient exactes, tant pour le diamètre fourni par ce rayon que par l'orbe que décrit la terre en tournant autour du soleil, ce qui est démontré par le temps que la terre mettrait pour en faire le tour, si le rayon qui est la distance de la terre au soleil était de 33 millions de lieues, le diamètre serait de 66 millions ; et la circonférence, qui vaut trois fois le diamètre ; ce qui fait 198 millions, et dans le rapport de 7 à 22, donnerait encore davantage. Mais pour le moment je ne compte que le rapport simple, lequel étant divisé

par 365 jours qui donnent la valeur de la circonférence de la terre, puisque la terre fait 365 fois le
tour sur sa circonférence par an pour faire le tour
du soleil, et 1/4 en plus. Donc, je divise :

$$
\begin{array}{ll}
198,000,000 & \text{par } 365 \\
1550 & \overline{542,465} \\
900 \\
1700 \\
2400 \\
2100 \\
275/365
\end{array}
$$

Ce qui donne 542,465 lieues pour la valeur de
la circonférence de la terre dans le rapport simple
de 7 à 21, ce qui est bien loin de 9,000 lieues que
l'on donne à la terre. Voilà comme les conséquences
se contrarient quand on n'atteint pas le chiffre de la
valeur même.

CHAPITRE 16

PAR L'ANGLE DROIT HORIZONTAL
OU PAR LES TRIANGLES SEMBLABLES.

(16me Planche, 1re figure.)

Il est des choses que le bon sens nous indique, tel que la distance de la lune à la terre ; vu l'influence que ces deux planètes ont l'une sur l'autre, la terre, qui oblige la lune à la suivre, et là lune qui gouverne la mer ; ces deux choses nous annoncent que la lune ne peut pas être à 30 diamètres de la terre, car une telle distance, qui est de 90 mille lieues, ne permettrait pas que ces deux planètes agissent l'une sur l'autre, car l'expérience fait voir ce que la terre peut faire à la lune par son mouvement de rotation. Soyons dans un bateau ou dans un navire, certainement le navire et le bateau

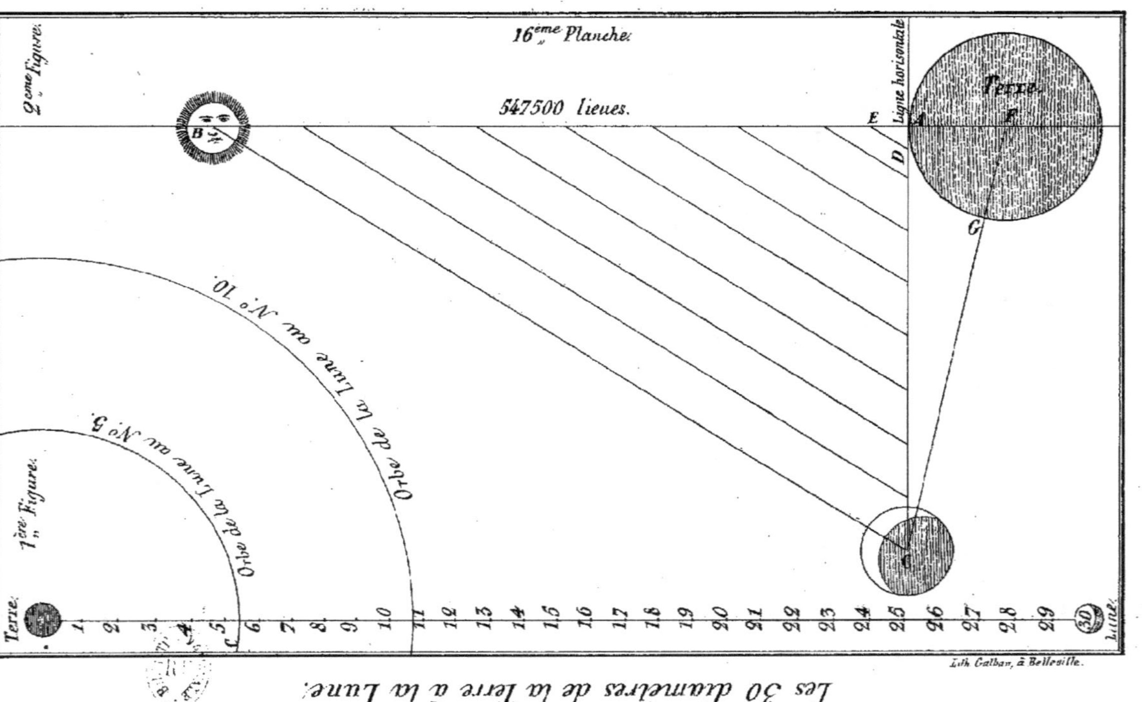

Angle droit horizontal ou Triangles semblables.
16.ème Planche.
2.ème Figure.
547500 lieues.
Ligne horisontale
Terre.
1.ère Figure.
Orbe de la Lune au N.º 3.
Orbe de la Lune au N.º 10.
Terre.
Les 30 diamètres de la Terre à la Lune.
Lith. Cattan, à Belleville.

ne donneront pas un courant d'eau derrière eux de trente fois leur longueur, c'est chose impossible; ils laisseront un balancement qui pourra s'étendre plus loin, mais ce balancement ne fait marcher aucun corps; et comme la lune marche avec la terre, elle annonce par là qu'elle est beaucoup plus près qu'on ne se l'imagine.

L'inspection de la 1re figure, planche 16, nous fait voir qu'elle ne peut être que de 4 ou 5 diamètres de la terre, ce qui fait 12 ou 15 mille lieues, et non pas à 90 mille lieues, qui sont 30 diamètres de la terre.

Voilà donc un premier aperçu, d'autant plus que l'air étant plus délié que l'eau, remplit plutôt le vide que les corps font derrière eux en marchant, et donne un courant encore moins grand que l'eau; donc la lune ne peut pas être à une grande distance.

En second lieu, si je mets sur une même ligne ces deux planètes à la distance de 30 diamètres de la terre, je vois d'un seul coup-d'œil que la terre ne peut pas attirer la lune à une si grande distance et si je regarde en C où est la cinquième division, je vois que la chose est possible, et à la dixième division je vois qu'elle est trop loin pour être attirée, à plus forte raison à 30 diamètres.

J'observerai qu'une distance de 30 diamètres ne peut pas donner une ombre noire foncée, comme on le voit dans les éclipses, et qu'à cette distance elle ne peut donner qu'une ombre claire, ou, pour mieux dire, qu'un faible brouillard, et pourtant l'ombre que la terre fait sur la lune dans les éclipses est bien noire, ce qui nous annonce que la terre n'est pas à 50 diamètres de la lune ; si je suspends une boule au soleil, l'ombre qu'elle fait ne va pas à plus de 10 diamètres, encore a-t-elle perdu de ce noir foncé, car ce n'est plus alors qu'un brouillard.

(16me Planche, 2me figure.)

Par les parallèles, on peut amener à soi l'angle que forme la ligne B C avec la ligne C A, comme on le voit par la figure 2, planche 16 ; par cette raison, nous aurons trois choses connues, qui sont l'angle droit en A, formé par une perpendiculaire sur la ligne horizontale, puis l'angle que forment toutes les parallèles sur cette même ligne et le côté A B, commun à tous ces triangles semblables, qui ont chacun une portion de cette perpendiculaire, pro- portionnellement aux deux autres côtés de chaque triangle, de sorte que l'on peut dire que le triangle A B C est égal au triangle A E D, comme également à tous les autres triangles formés par autant d'autres parallèles qui coupent la perpendiculaire en des points proportionnels, ce qui donne à chaque triangle même solution, puisque leurs côtés sont propor- tionnels, et que le petit triangle A E D a son côté A E, qui vaut, à proportion, des deux autres côtés, autant que A B, du grand triangle A B C, puisque les trois côtés du petit triangle sont proportionnés aux trois côtés du grand triangle.

Pour savoir à combien la lune est du centre de la terre, je tire une ligne F G C, et connaissant la distance du centre de la lune au point A ainsi que le rayon A, de plus l'angle droit en A nous fait trois choses de connues; l'on peut, par cette raison, déterminer les trois autres parties du triangle; et pour avoir sa distance à la circonférence de la terre, je retranche le rayon G F, qui est de 1,500 lieues, il me restera G C pour sa distance à la circonférence de la terre.

Opération.

Je tire sur le papier une ligne horizontale, sur laquelle j'élève une perpendiculaire en A, qui me donne un angle droit, et du point D, où est l'observateur, qui est à 26 minutes de la perpendiculaire, j'observe l'angle que la parallèle D E fait avec la ligne horizontale que je forme sur cette même ligne, à quelle distance que ce soit de la perpendiculaire, la parallèle coupera toujours la perpendiculaire proportionnellement à la distance de A en D, ce qui me forme mon triangle A E D, sur lequel je fais mes calculs.

Ici nous connaissons l'angle droit en A, puis, l'angle D, que l'observateur a trouvé, et le côté A

E, qui est la distance du soleil à la terre ; et s'il
était nécessaire, nous pourrions connaître le côté
D A, qui peut nous servir pour établir une seconde
proposition qui peut servir de preuve à la première,
qui s'exécute comme à l'angle droit vertical fig. 15.

Nota. Les deux chapitres 15 et 16 doivent être considérés
comme n'en faisant qu'un, puisqu'ils sont tous les deux pour
déterminer les distances.

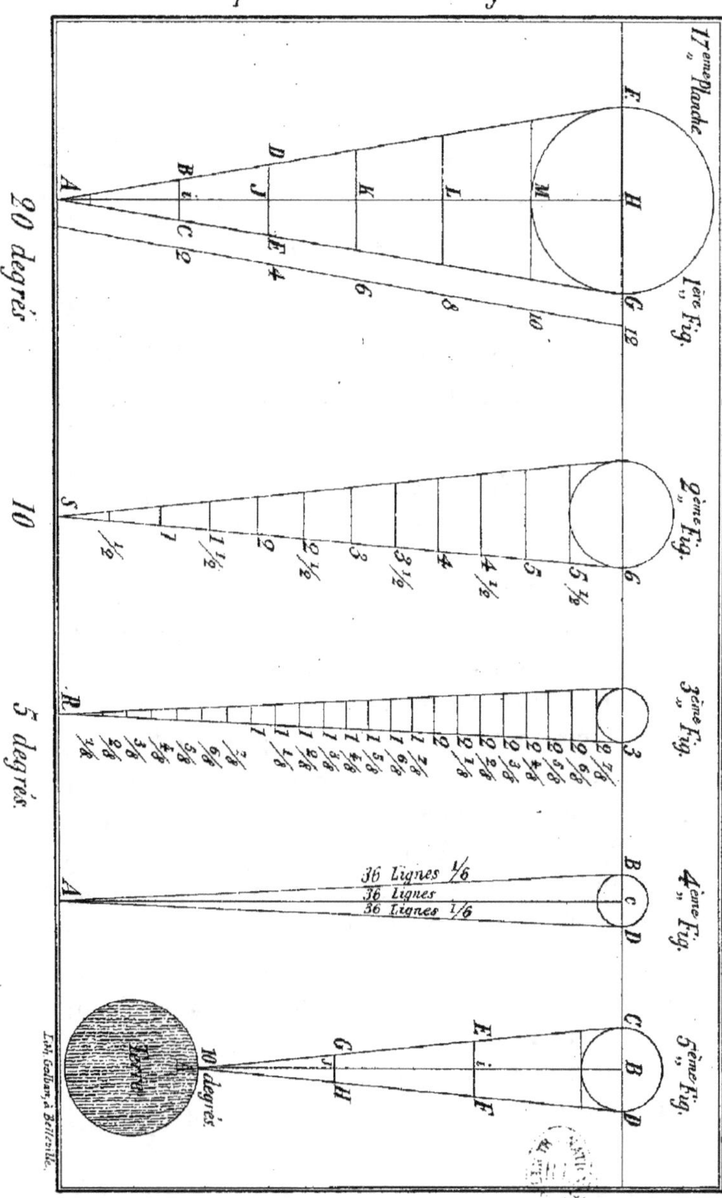

A.B. Perpendiculaire de 27 lignes et le diamettre B, 5 lignes.

CHAPITRE 17.

POUR DÉTERMINER LA GROSSEUR DES PLANÈTES
CONNAISSANT LEURS DISTANCES A LA TERRE.

Par le triangle simple formé par deux tangentes.

Il faut conduire une tangente à chaque extrémité
du diamètre de cette planète, planche 17, figure 4,
par le moyen d'un graphomètre qui nous indique
par l'ouverture de ces deux lignes le nombre de
degrés compris entre les deux tangentes **A B** et **A D**
avec lesquelles l'on forme un pareil angle sur le
papier, dont la longueur des côtés est à volonté,
puisque la perpendiculaire qui passe par le centre
de la planète leur est toujours proportionnelle, de
quelle longueur qu'on les suppose, n'en forme pas
moins le même angle, et les deux côtés, ainsi que la
perpendiculaire, sont toujours en même proportion.
Il suffit, pour déterminer le diamètre de la planète, de connaître la longueur des deux tangentes,
qui sont plus longues que la perpendiculaire **A C,**

et connaissant la distance du centre du soleil à la terre, je donne cette valeur à chaque tangentes, qui forment les deux côtés du triangle, plus la différence proportionnelle qu'il y a de la tangente à la perpendiculaire.

Et connaissant la longueur des tangentes et l'angle compris entre ces deux tangentes, me font trois choses connues dans le triangle, dont je peux déterminer le troisième côté, qui est le diamètre du soleil et par cette raison sa grosseur.

Mon triangle étant formé sur le papier d'après mes observations, je peux établir cette proportion :

36 lignes et 1/6me est à 550,054 lieues plus 26/56me de lieues, comme 3 lignes ou B D est à un 4me terme ; et en géométrie, on exprime cette proposition comme il suit :

$$36\ 1/6\ :\ 550{,}054\ :\ :\ 3\ :\ \text{un } 4^{me} \text{ terme}$$

Et ce 4me terme on le trouve en multipliant le second terme par le 3me, et divisant le produit par le premier terme, ce qui donne la valeur du diamètre du soleil représenté par trois lignes qui sont en proportion avec les côtés.

Ce moyen est d'autant plus sûr qu'il est simple et se fait d'un clin d'œil : la planète n'a pas le temps de changer de place et de faire manquer l'opération, et souvent la complication conduit à de grandes erreurs ; et la simplicité a deux avantages : le premier est d'être conçu de suite, et, en second lieu, se fait d'une seule station. Et comme toutes les parties du triangle sont proportionnelles au grand triangle que l'on imagine aller jusqu'au soleil ou à d'autres planètes, on les calculera sur les distances connues.

Comme par exemple ici la perpendiculaire A C étant de 547,500 lieues, les tangentes étant plus longues d'un 1/6 de ligne, nous donne par les proportions, 2,554 lieues et 26/36 à ajouter à la perpendiculaire, ce qui fait pour les tangentes 550,054 lieues et 26/36ᵐᵉ de lieues.

Donc, connaissant les deux côtés et l'angle compris entre ces deux côtés, il est facile de déterminer le troisième côté B D, qui est la grosseur du soleil, en exécutant toujours comme à la planche 15.

Les triangles, grands ou petits, sont proportionnés aux distances qu'ils mesurent, c'est-à-dire que si l'un des côtés mesure une grande étendue, les deux autres côtés lui sont proportionnels en grandeur, de même si ce côté mesure une petite distance, les autres côtés auront peu de valeur.

C'est pourquoi qu'avec un triangle couché sur le papier, l'on peut mesurer des millions de lieues, puisque tous les côtés de ce triangle sont proportionnés au grand triangle que l'on imagine aller jusqu'à la planète. Et l'on peut imaginer autant de triangles que l'on voudra dans celui qui mesure la planète, en coupant le triangle par autant de parallèles, qui retranchent sur les trois côtés des longueurs proportionnelles, comme on le voit par les triangles A B C et A D E de la figure 1ʳᵉ, planche 17, comparés avec le triangle A F G, même planche, qui ont tous les trois leurs côtés proportionnels, ainsi que des trois autres parallèles K L M, qui forment autant de triangles.

Par les triangles semblables.

Tous triangles qui ont leurs côtés homologues proportionnels et les angles égaux, sont semblables l'un à l'autre, et par cette raison proportionnels en tous leurs côtés.

Or donc, un angle dont les côtés se partagent à l'infini, coupé par des parallèles les unes aux autres, forment autant de triangles semblables qui ont tous leurs côtés homologues proportionnels, telles que les figures 1, 2 et 3 nous le font voir.

Le triangle A C D, figure 5, planche 17, que l'on imagine aller jusqu'au centre du soleil, puisqu'il est formé par deux tangentes qui vont se terminer aux deux extrémités de son diamètre, que je divise en trois triangles qui sont A G H, A E F, et A C D, qui tous trois conduisent à même solution, puisqu'ils ont tous leurs côtés proportionnels ; et, étant formés par le même angle, l'on peut établir les propositions suivantes :

La ligne A B est à la ligne C D, comme la distance de la terre au centre du soleil est à son diamètre, et en géométrie l'on énonce cette proposition comme il suit :

27 lignes : 5 lignes : : 547,500 lieues est : un 4me terme, qui est le diamètre du soleil, que

l'on obtient par la règle de proportion, en multipliant le troisième terme par le second et en divisant le produit par le premier terme, ce qui donne la valeur C D, diamètre du soleil.

Ce qui prouve que les petits triangles sont dans les mêmes proportions que le grand, ce sont les triangles semblables, qui ont tous leurs côtés homologues proportionnels les uns aux autres, et l'on peut imaginer autant de triangles que l'on voudra, chacun mènera à la même solution, puisqu'ils ont tous le même angle et leurs côtés homologues proportionnels, ce qui nous donne autant de propositions qu'on imagine de parallèles dans le grand triangle, puisque ces parallèles font autant de triangle.

Soit que l'on imagine que le centre du soleil soit en B, en I ou en J, etc., tous les côtés de ces trois triangles seront toujours proportionnels à la perpendiculaire qui représente la distance du soleil à la terre, qui est de 547,500 lieues, qui descendent de ces trois points au point A, nous donne les propositions suivantes :

A B : C D : : 547,500 lieues : un 4me terme ;
A I : E F : : 547,500 lieues : un 4me terme ;
A J : G H : : 547,500 lieues : un 4me terme ;

Et lorsqu'on opère, on met la valeur des signes comme ci-dessous :

27 lig^{es}. est à 5 lig^{es}. comme 547,500 lieues est à un 4me terme.

101,388 lieues 24/27
pour 4me terme.

$$5$$
$$\overline{}$$
2737500
037
105
240
240
24/27

Pour prouver mon opération, je dis :

Si 5 lignes me donnent 101,588 lieues 24/27me de lieues, combien me donnera 27 lignes, qui est la ligne qui représente la distance de la terre au soleil, ma proposition est :

5 lig^{es} est à 101,388 lieues 24/27 de lieues, comme 27 lig^{es} est à un 4me terme.

547,500 lieues $\quad$ 27

709,716
2,027,760
24
2,737,500
23
37
25
000

Laquelle étant divisée par 5, me donne 547,500 lieues, ce qui prouve que l'opération est exacte et que les lignes sont en proportion du nombre de lieues contenues dans la distance de la terre au soleil.

Si, pour un angle de 10 degrés j'ai pour diamètre du soleil 101,388 lieues 24/27me de lieues; j'aurai plus ou moins, selon que l'angle sera plus ou moins grand, ce que je n'ai pas pu faire faute d'instruments, mais qui sera plutôt moins de 10 degrés que plus ; donc, je donne par mon calcul le plus grand diamètre que l'on peut trouver au soleil, et ce moyen est aussi infaillible qu'il est simple, et dépend de l'exactitude de l'angle compris entre les côtés des deux tangentes qui mesurent le diamètre du soleil.

Par les proportions des parallèles.

Toutes lignes parallèles, à des distances égales, sont coupées proportionnellement, par les côtés, d'un angle quelconque, et donnent une différence qui est partout la même, comme les figures 1, 2, 3, planche 17, nous le démontrent.

Toutes les parallèles que renferment les trois figures sont autant de diamètres auxquels on peut supposer les trois planètes : toutes ces positions donnent même solution, car elles sont toutes proportionnelles aux angles sous lesquels elles sont renfermées ; ce qui le prouve, c'est le rapport que les trois planètes entre elles, étant à des distances égales.

Le diamètre de la figure 1re est double du diamètre de la figure 2 ; celle-ci est double du diamètre de la figure 3, comme également l'angle de chacune d'elles est double l'un de l'autre, qui est l'angle A double de l'angle S, et celui-ci double de l'angle R, ce qui fait voir que chaque parallèle étant à des distances égales ont des rapports proportionnels aux angles qui les mesurent.

Autre rapport : la figure 1re a ses parallèles à 6 lignes les unes des autres, ce qui donne 36 lignes jusqu'au centre de la planète, puisque la division est par 6.

Celle de la figure 2 de 3 en 3, et celle de la figure 3 de 1 1/2 à 1 1/2, donnent aussi 36 lignes; c'est pourquoi l'on voit les parallèles des trois figures être en proportion les unes aux autres, comme on voit par les parallèles correspondantes , qui sont :

B C, du triangle A B C, fig. 1re, est de 2 lignes, sa correspondante de l'angle S a une ligne, et celle de l'angle R en a une 1/2, qui est 4/8 ; l'on voit que le rapport est double l'un de l'autre ; comme aussi entre les trois angles 20, 10 et 5, puisque les angles A S R sont doubles l'un l'autre.

Au triangle A D E, la parallèle D E vaut 4 lignes, et les deux parallèles correspondantes sont 2 et 1, ce qui donne encore double l'un de l'autre.

La parallèle K vaut 6 lignes ; ses deux correspondantes valent 3 et 1 1/2, qui est encore double.

L vaut   8 lig., ses correspondantes valent 4 et 2
M id. 10 id.   id.   id.   5 et 2 1/2
H id. 12 id.   id   id.   6 et 3

Comme l'on voit, toutes ces parallèles gardent toujours les mêmes rapports, et donnent, par cette raison même, solution sous le même angle, n'importe à quelle distance on suppose les planètes ; pourvu que l'on connaisse un côté et deux angles, on peut déterminer les trois autres conditions du triangle, puisque les angles et les côtés sont tous proportionnels.

Donc, connaissant la différence qui existe entre toutes ces parallèles, on peut, par une simple multiplication, multiplier toutes les parallèles par la différence et ajouter la longueur de la première parallèle pour avoir la longueur de la dernière parallèle, qui est celle que l'on cherche.

Par les différences des parallèles.

En procédant par les parallèles, je dis que B C, figure 1re, vaut 2 lignes, D E vaut 2 en plus, K L M H 2 lignes chacune en plus ; ici la différence est 2 : il y a six parallèles et cinq différences ; les cinq différences font 10 lignes, plus la valeur de la première parallèle, qui est 2, font 12 lignes pour la grandeur du diamètre de la planète.

Donc, on peut dire que tout diamètre mesuré par deux tangentes vaut la somme de toutes les différences des parallèles, plus la longueur de la première parallèle.

Comme vous voyez, il suffit de faire un triangle le plus grand possible pour être correct dans ces opérations, car dans une petite figure, la pointe du compas peut faire une variation d'une centaine de lieues sur les grands calculs.

Ce que je viens de dire sur la figure 1 se dit également des figures 2 et 3 où les parallèles croissent par des fractions, comme vous le voyez.

Pour bien procéder, il faut diviser le triangle par

un nombre qui soit le plus divisible possible, tel que 12, 24, 48, parce que l'on peut prendre une 1/2, un 1/3 un 1/4, un 1/8, etc., et que tous les autres nombre ne se divisant pas aussi bien que ceux-ci, donneraient des fractions, ce qu'il faut éviter, comme par exemple à l'égard du soleil ; comme il y a 547,500 lieues, je supposerai 547 parallèles à 1,000 lieues de distance l'une de l'autre et une 1/2 distance pour les 500 lieues.

Ici je prends pour guide le nombre de 1,000, qui me facilite autant que la 1/2, le 1/3, le 1/4, etc.

Donc, ayant trouvé le rapport d'une dizaine de parallèles que je suppose être à 1,000 lieues l'une de l'autre, il me sera facile, par une multiplication, de trouver la valeur de la dernière parallèle, qui est le diamètre de la planète ou sa grosseur.

Et tous ces calculs viennent à l'appui les uns des autres et prouvent la justesse des opérations.

FIN.

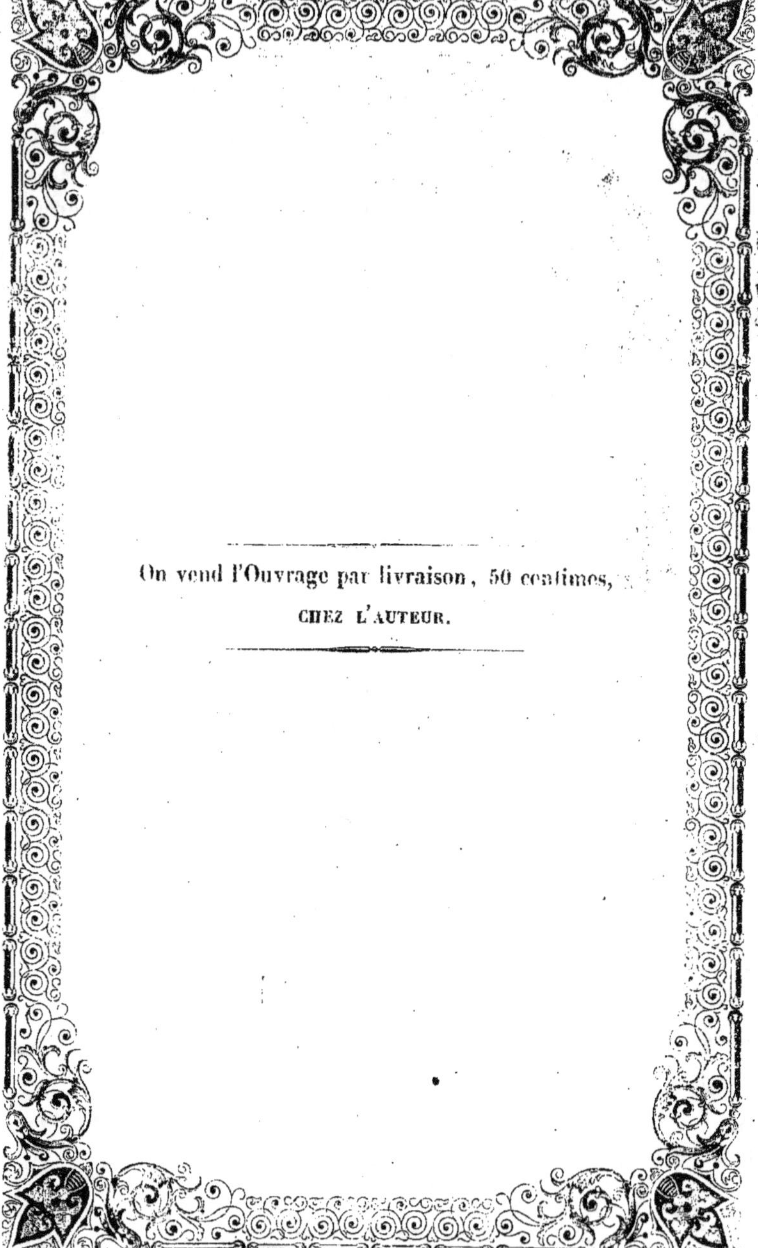

Belleville. — Imp. de GALBAN.